上海市工程建设规范

人造山工程技术标准

Technical specification for artificial hill project

DG/TJ 08—2358—2021

J 15743—2021

主编单位：上海市城市建设设计研究总院(集团)有限公司
批准部门：上海市住房和城乡建设管理委员会
施行日期：2021 年 9 月 1 日

同济大学出版社

2021　上海

图书在版编目(CIP)数据

人造山工程技术标准 / 上海市城市建设设计研究总院(集团)有限公司主编. —上海：同济大学出版社，2021.10

ISBN 978-7-5608-9046-3

Ⅰ.①人… Ⅱ.①上… Ⅲ.①叠石-堆山-工程施工-标准-上海 Ⅳ.①TU986.4-65

中国版本图书馆 CIP 数据核字(2021)第 150611 号

人造山工程技术标准

上海市城市建设设计研究总院(集团)有限公司 **主编**

策划编辑 张平官
责任编辑 朱 勇
责任校对 徐春莲
封面设计 陈益平

出版发行 同济大学出版社 www.tongjipress.com.cn
(地址:上海市四平路 1239 号 邮编:200092 电话:021 - 65985622)
经 销 全国各地新华书店
印 刷 浦江求真印务有限公司
开 本 889mm×1194mm 1/32
印 张 4.625
字 数 124 000
版 次 2021 年 10 月第 1 版 2021 年 10 月第 1 次印刷
书 号 ISBN 978-7-5608-9046-3
定 价 50.00 元

上海市住房和城乡建设管理委员会文件

沪建标定〔2021〕244 号

上海市住房和城乡建设管理委员会
关于批准《人造山工程技术标准》
为上海市工程建设规范的通知

各有关单位：

由上海市城市建设设计研究总院（集团）有限公司主编的《人造山工程技术标准》，经我委审核，现批准为上海市工程建设规范，统一编号为 DG/TJ 08—2358—2021，自 2021 年 9 月 1 日起实施。

本规范由上海市住房和城乡建设管理委员会负责管理，上海市城市建设设计研究总院（集团）有限公司负责解释。

特此通知。

上海市住房和城乡建设管理委员会

二〇二一年四月十二日

前言

根据上海市住房和城乡建设管理委员会《关于印发〈2018 年上海市工程建设规范、建筑标准设计编制计划〉的通知》(沪建标定〔2017〕898 号)的要求,由上海市城市建设设计研究总院(集团)有限公司会同有关单位经广泛调查研究,认真总结实践经验,参照国内外相关标准,并在反复征求意见的基础上,制定本标准。

本标准的主要内容有:总则;术语和符号;基本规定;岩土工程勘察;景观设计;山体地基设计;山体填筑设计;空腔结构设计;山体土建施工;园林景观施工;监测;质量检验与验收。

各单位及相关人员在执行本标准过程中,如有意见和建议,请反馈至上海市绿化和市容管理局(地址:上海市胶州路 768 号;邮编:200040;E-mail:kjxxc@lhsr.sh.gov.cn)、上海市城市建设设计研究总院(集团)有限公司(地址:上海市东方路 3447 号;邮编:200125;E-mail:rzsgcjsbz@sucdri.com)、上海市建筑建材业市场管理总站(地址:上海市小木桥路 683 号;邮编:200032;E-mail:shgcbz@163.com),以供今后修订时参考。

主 编 单 位:上海市城市建设设计研究总院(集团)有限公司

参 编 单 位:同济大学

河海大学

上海勘察设计研究院(集团)有限公司

上海申元岩土工程有限公司

上海市园林工程有限公司

上海桃浦智创城开发建设有限公司

上海市绿化管理指导站

上海市绿化和市容(林业)工程管理站

主要起草人员：高炜华　徐一峰　姜　弘　蒋应红　徐宏跃
项培林　刘伟杰　高彦斌　杨石飞　梁永辉
陈永辉　蒋益平　叶素芬　刘　睫　肖建庄
邓玮琳　袁天天　随　晋　陈　龙　朱振清
刘静德　梁振宁　廖　辉　向　珂　赵　剑
王本耀　周艺烽　季德成　黄天荣　王　磊
徐先坤　蒋维刚　张青天

主要审查人员：丁文其　叶观宝　王　瑛　还洪叶　张子新
余　毅　朱火根　周慧安

上海市建筑建材业市场管理总站

目　次

Contents

1 总 则

1.0.1 为规范人造山工程建设，提高人造山工程建设质量，制定本标准。

1.0.2 本标准适用于本市新建与改建的人造山工程的勘察、设计、施工、监测、质量检验与验收。

1.0.3 人造山工程建设应做到安全适用、技术先进、经济合理，与周边环境相协调。

1.0.4 人造山工程建设除应符合本标准外，尚应符合国家、行业和本市现行有关标准的规定。

2 术语和符号

2.1 术 语

2.1.1 人造山 artificial hill

在原地面上，按照一定的技术要求用填料填筑或结构物构筑，填料或结构物的表层主要用种植土、植被或其他天然材料覆盖，山体高度高于原地面平均高程 4 m 及以上，形成具有生态、景观、休闲活动等功能的仿自然山体。

2.1.2 山体填筑 artificial hill filling

人造山表层以下部分采用土、建筑材料等分层填筑、压实而成的山体建造方法。

2.1.3 山体构筑 artificial hill construction

人造山表层以下部分形成空间结构并在结构外围采用填料填筑覆盖的山体建造方法。

2.1.4 山体最不利滑动面平均坡度 the average slope of the most unfavorable sliding surface of the hill

稳定安全系数最小的滑动剖面所对应的山体垂直高度和水平投影的比值。

2.1.5 人造山起坡线 intersection line of artificial hill with ground surface

人造山设计坡面与原地面的相交线。

2.1.6 山体高度 height of the hill

山顶最高点与原地面之间的高差。

2.1.7 微地形 microtopography

在人造山山体填筑或构筑完成后，在山体表面营造高差变化一般在 2 m 以内的地表地形起伏，为植物种植、园路布置及休闲活动等功能创造条件。

2.1.8 假山 man-made rockery

用自然山石或玻璃纤维强化水泥、碳纤维增强混凝土等复合材料构筑而成的模拟自然山体。

2.1.9 置石 stone

以自然山石或碳纤维增强混凝土等材料作独立或附属性的造景布置，主要模仿自然露岩景观、体量较小而分散的石块。

2.1.10 驳石 revetment stone

用于挡土或水体驳岸的呈带状布置的景石组合。

2.1.11 空腔结构 cavity structure

人造山体表层以下山体，为减轻山体荷载或满足其他使用功能要求、具有一定封闭程度的空间结构。

2.1.12 人造山占地面积 cover space of artificial hill

人造山起坡线围合内的水平投影面积。

2.2 符 号

b——土条的宽度；

c_i, φ_i——土的黏聚力和内摩擦角；

c'_i, φ'_i——土的有效黏聚力和有效内摩擦角；

D——结构埋置深度；

E_s——土的压缩模量；

E_{sp}——桩土复合模量；

e_0——土的有效自重应力 σ'_{v0} 所对应的孔隙比；

e_1——土的有效自重应力 σ'_{v0} 与竖向附加应力 $\Delta\sigma_z$ 之和所对应的孔隙比；

F_s——地基稳定安全系数；
H——山体高度；
h——地基中各分层的初始厚度；
i——山体坡度；
j——竖向集中荷载个数；
k——压缩层内土层分层数；
L——滑动面的长度；
L_i——滑动面穿过土条的长度；
M_R——各种抗滑措施提供的绕滑动圆弧圆心的抗滑力矩；
m——置换率；
n——桩土应力比；
P_A, P_p——作用于滑动体两侧的主动土压力和被动土压力；
p_0——山体中心处的荷载；
Q_i——附加应力计算中竖向集中荷载的大小；
q——总填土荷载；
q_u——无侧限抗压强度；
R——圆弧滑动面的半径；
R_i——竖向附加应力计算中点与竖向集中荷载作用点连线长度；
S——地基沉降；
s_c——地基固结沉降；
s_f——地基最终沉降；
$s(t_p)$——施工结束时的地基沉降；
$s(t)$——任一时刻的地基沉降；
s_p——地基工后沉降；
s_u——软黏土的不排水抗剪强度；
T_i——土条滑动面上的剪应力；
$\bar{U}$——地基平均固结度；
u_i——土中孔隙水压力；

W_i——土条的重力；
z——竖向附加应力计算点的深度；
α——土条的滑动面与水平面的夹角；
α_z——竖向附加应力系数；
γ_p——碎(砂)石料的重度；
Δq——填土荷载量；
Δs_u——滑动体重力作用下软弱夹层的固结强度增长；
$\Delta\delta$——荷载作用下地基水平位移增量；
$\Delta\sigma_z$——竖向附加应力；
δ_a——山体地基变形控制值；
δ_h——山体坡脚附近侧向水平位移；
μ_p——应力集中系数；
σ_{Ni}——总应力表示的剪切面上的正应力；
σ'_{Ni}——有效应力表示的剪切面上的正应力；
σ'_{v0}——土的有效自重应力；
τ_f——土的抗剪强度；
τ_p——桩体抗剪强度；
τ_s——地基土抗剪强度；
τ_{sp}——桩土复合抗剪强度；
φ_p——碎(砂)石料的内摩擦角；
ψ_s——沉降经验系数。

3 基本规定

3.0.1 人造山岩土工程勘察应收集场地地形、地貌、工程和水文地质、管线及地下设施等资料；在分析和利用已有资料的基础上，根据不同勘察阶段、人造山规模、地基土的特点，宜与其他建(构)筑物兼顾，综合确定勘察方案。

3.0.2 人造山设计前应进行环境调查工作。

3.0.3 人造山选址应符合上位规划要求，充分利用场地特征，因地制宜构建山体形态。宜避让场地内各类重要地下设施，宜布置在现状场地高处。

3.0.4 人造山建设应根据总体布置、周边环境、地质条件、填筑材料、建设周期及投资等因素，综合分析确定建设方案。

3.0.5 绿地工程项目建议书应根据上位规划，初步确定人造山的功能、选址、占地面积和山体高度。

3.0.6 绿地工程可行性研究应分析人造山中的活动功能、景观特色和生态效益，根据绿化景观总体布置，综合建设周期、周边环境、地质条件、填筑材料、空腔结构利用等因素，对人造山做多方案比选，形成功能合理、经济适用的推荐方案。推荐方案应包括人造山的形态方案、山体填筑(或构筑)方案、地基处理方案及山体景观布置方案等内容。

3.0.7 山体填筑应分层填筑、分层压实、分层检测，且应满足密实、均匀和稳定的要求。

3.0.8 人造山工程设计、施工过程中，宜采用地理信息系统(GIS)和建筑信息模型化(BIM)等技术。

3.0.9 人造山应按其破坏后可能造成的破坏后果严重性、环境要求、山体高度和山体最不利滑动面平均坡度等因素，根据表 3.0.9 确定安全等级。

表 3.0.9 人造山安全等级

环境要求	山体高度 H(m)	山体最不利滑动面平均坡度 i	破坏后果	安全等级
山体下部及周边无重要管线、建(构)筑物,且周边环境对变形无要求	$H \geqslant 12$	$i \geqslant 1:3$	很严重	一级
		$1:4.5 < i < 1:3$	很严重	一级
			严重	二级
		$i \leqslant 1:4.5$	严重	二级
	$8 < H < 12$	$i \geqslant 1:3$	很严重	一级
		$1:4.5 < i < 1:3$	很严重	一级
			严重	二级
		$i \leqslant 1:4.5$	严重	二级
			不严重	三级
	$H \leqslant 8$	$i \geqslant 1:3$	严重	二级
		$i < 1:3$	不严重	三级
山体下部及周边有重要管线、建(构)筑物或周边环境对变形有要求	$H \geqslant 12$	$i \geqslant 1:4.5$	很严重	一级
		$i < 1:4.5$	很严重	一级
			严重	二级
	$8 < H < 12$	$i \geqslant 1:3$	很严重	一级
		$1:4.5 < i < 1:3$	很严重	一级
			严重	二级
		$i \leqslant 1:4.5$	严重	二级
	$H \leqslant 8$	$i \geqslant 1:3$	很严重	一级
		$i < 1:3$	很严重	一级
			严重	二级

注:当存在下列情况之一时,人造山的安全等级宜提高一级:
1. 填筑速率较快的山体。
2. 邻近湖泊、河道的山体。

3.0.10 人造山工程应开展动态设计和第三方监测。

4 岩土工程勘察

4.1 一般规定

4.1.1 人造山岩土工程勘察可分为可行性研究勘察、初步勘察和详细勘察三个阶段。各阶段勘察工作应符合下列要求：

1 可行性研究勘察应对拟选场地的稳定性和适宜性作出评价，并为建设方案的比选提供依据。

2 初步勘察应针对人造山体填筑设计方案，结合地貌单元，初步查明场地的工程地质和水文地质条件。

3 详细勘察应针对人造山体填筑设计方案、施工方案，详细查明建设场地的工程地质、水文地质条件，提供地基土物理力学指标和岩土设计参数；结合人造山体的特征及施工方案对场地作出分析和评价，提出适宜的技术措施及建议。

4.1.2 各阶段勘察可根据已有的工程地质资料或工程经验简化勘察阶段。遇异常情况或为解决设计、施工中特殊岩土工程问题，可进行专项勘察或施工勘察。

4.1.3 人造山体工程建(构)筑物等级宜根据山体高度划分，山体高度大于等于 8 m 宜为一级，其余宜为二级。

4.1.4 地基土定名、分类应符合现行上海市工程建设规范《岩土工程勘察规范》DGJ 08—37 的有关规定。

4.1.5 勘察方法应符合下列规定：

1 勘探孔以取土孔、取土标贯孔和静力触探为主，不宜采用鉴别孔。

2 原位测试孔数量宜占勘探孔总数的 1/2～2/3。

3 其他原位测试应根据岩土条件、地基基础设计的需要和测试方法的适用性等综合确定。

4.1.6 场地土类型划分、建筑场地类别划分、地基土液化判别应符合现行国家标准《建筑抗震设计规范》GB 50011 和现行上海市工程建设规范《建筑抗震设计规程》DGJ 08—9 的有关规定。

4.2 勘察工作量

4.2.1 可行性研究勘察以搜集、分析既有资料为主。当不能满足本阶段勘察要求时，可进行必要的勘察工作。勘察工作量布置宜符合下列规定：

1 勘探孔间距宜为 500 m～800 m。

2 当存在比选方案时，比选场地宜布置相应勘察工作量。

3 勘探孔深度应满足地基处理沉降计算要求，且应穿越浅部软弱土层；当堆土高度大于 8 m 时，勘探孔宜进入深部中密或密实粉土或砂土等中低压缩性土层不少于 3 m。

4.2.2 初步勘察工作量布置应符合下列规定：

1 勘探孔间距宜为 100 m～200 m，宜采用网格状或梅花状布置。

2 勘探孔宜为控制性孔，勘探孔深度应满足地基处理沉降计算要求，且应穿越浅部软弱土层。

3 查明场地明/暗浜(塘)等不良地质现象分布情况，并根据暗浜(塘)分布范围布置静力触探孔，孔深应进入正常沉积土层不少于 0.5 m。

4 针对场地内分布的明浜(塘)，应测量河床断面，查明淤泥厚度。

4.2.3 详细勘察工作量布置应符合下列规定：

1 勘察的平面范围宜扩展到人造山体区外围 2 倍～3 倍山体高度，宜选择代表性的山体边坡形态及土层布置横断面，土层变化较大时宜增加横断面。

2 勘探孔平面布置宜根据土层均匀性、山体高度和地基处理方案综合确定，宜按表 4.2.3 确定勘探孔孔距。

表 4.2.3 详细勘察阶段的勘探孔孔距

山体高度(m)	勘探孔孔距(m)
$4 \leqslant H < 8$	40～60
$H \geqslant 8$	30～40

注：1. 当场地地基土分布较复杂、影响设计方案时，宜适当加密勘探孔。
2. 山体内部存在空腔结构时，山体高度应进行折算。

4.2.4 详细勘察勘探孔深度应符合下列规定：

1 宜根据山体高度、填筑材料和地基处理深度综合确定；当人造山体采用刚性桩进行地基处理时，勘探孔深度应根据桩基要求确定。

2 一般性孔深应满足地基处理方案要求，且应穿过淤泥质土或流塑土层进入下部土层不少于 5 m。

3 控制性孔深应满足地基处理沉降计算要求。

4.2.5 场地控制性勘探孔数量不应少于勘探孔总数的 1/3。

4.2.6 除应进行固结快剪试验、压缩试验外，尚宜进行下列室内试验：

1 三轴不固结不排水剪切试验、三轴固结不排水剪切试验、直接快剪试验及无侧限抗压强度试验。

2 先期固结压力、压缩指数和回弹指数的压缩试验。

3 渗透试验。

4 固结试验。

5 填筑材料的击实试验、CBR 试验、饱和土固结快剪和直接快剪试验。

4.2.7 对饱和软黏性土宜进行现场十字板剪切试验。

4.2.8 根据人造山体特点，可按设计要求开展填筑材料专项勘察。

4.2.9 空腔结构勘察除应符合现行上海市工程建设规范《岩土工程勘察规范》DGJ 08—37 的有关规定外，还应考虑下列因素：

1 周边覆土对空腔结构的影响。

2 满足空腔结构与周边覆土区可能采取的地基处理措施对勘察的要求。

4.2.10 人造山体上小型建筑物按荷载考虑，可不进行单独勘察。

4.3 勘察成果文件

4.3.1 勘察报告应包括文字、附表、附图和必要的附件。

4.3.2 勘察报告应对人造山体影响深度范围内的土层埋藏条件、分布和特性进行综合分析评价，并根据软土、浜(塘)、地下障碍物等分布情况分析评价其对人造山体的影响。

4.3.3 勘察报告应针对人造山体特点进行分析评价，提出地基处理方法和施工建议，分析评价人造山体对场地内建(构)筑物及周围环境的影响。

4.3.4 应对施工过程和运行期间可能出现的岩土问题进行分析，提出相应的设计与施工建议；提出岩土工程风险源、预防与监测措施建议。

4.4 环境调查

4.4.1 环境调查范围应根据项目特点、周边环境条件、项目可能影响范围综合确定。可行性研究阶段，调查范围自人造山起坡线外宜大于 5 倍山体高度；初步设计阶段，应根据人造山体沉降计算及稳定分析结果、周边环境保护要求等因素确定环境调查范围。

4.4.2 环境调查对象应包括周边地面建筑物、地下构筑物及人防工程，以及既有轨道交通线路与铁路、道路、水工构筑物及架空线缆等。

4.4.3 环境调查应查明调查对象的权属单位、使用单位、管理单位、使用性质、建设年代、设计使用年限、设计文件、与工程位置关系,以及调查对象现状和使用状况等。

4.4.4 环境调查应提供调查报告,调查报告应能满足环境影响分析与评价的需要。

5 景观设计

5.1 一般规定

5.1.1 人造山景观设计应符合上位规划，并与周边地块用地性质、建筑高度等相协调。

5.1.2 在绿地总体规划中，人造山宜布置在绿地北侧。

5.1.3 人造山应避让受保护的植被。

5.1.4 人造山基本构成由地基、填筑体或构筑体、表层组成。表层应由种植土和道路地坪、建筑地基压实层组成，如图 5.1.4 所示。

1—天然地基或处理后地基；2—原地面；3—填筑体或构筑体；4—种植土层
5—园路及路基；6—建筑及地基；7—坡度 i；8—起坡线；9—山体高度

图 5.1.4 人造山基本构成

5.1.5 人造山应采用自然植被覆盖，绿化面积不应小于人造山占地面积的 80%，宜以乔木为主，采用乔、灌、草多层次的种植方式，形成稳定的植物生态群落。

5.1.6 人造山形态宜仿造自然山体的景观要素，可形成麓坡、岩崖、峰峦、洞隧、谷涧、瀑布、花甸、梯田等景观特色。

5.1.7 人造山的南向坡地表面积宜大于北向坡地表面积。

5.1.8 人造山应满足市民游览活动的功能，以登山游览为主，可设置休闲活动设施。人造山体中应布置车行道路，满足应急救援、山林消防等需求。

5.1.9 人造山场地内原为农田和其他绿化用地时，应将 0.5 m～0.8 m 的表层土挖出保存，用于回填山体表层种植绿化。

5.1.10 种植土压实度应小于 80%，土壤含沙量宜小于 15%，并符合现行行业标准《绿化种植土壤》CJ/T 340 的有关规定。

5.1.11 人造山应设置完整的游览指示和安全警示标识，并应符合有关要求。

5.2 地 形

5.2.1 景观设计应明确山体的整体形态，山体填筑体应根据山体形态设计。

5.2.2 山体表层宜采用种植土壤进行微地形设计，地形变化应同绿化、园路、园林建筑等相结合。

5.2.3 山体表层种植区域宜分区设计，乔木种植区种植土厚度不应小于 1.5 m，灌木种植区种植土厚度不应小于 0.6 m，地被种植区种植土厚度不应小于 0.3 m。

5.2.4 山体表面宜采用草坪或地被植物覆盖，或采用粒径 5 mm～50 mm 的碎石、陶粒以及破碎树木片等硬质材料完全覆盖。

5.2.5 地被植物根系未发育至有效抗冲刷期间，宜采取覆盖护土措施。

5.2.6 微地形设计应组织山坡地排水。

5.3 种 植

5.3.1 植物布置应利用山体形态，宜种植耐干旱的植物。山体南坡宜种植喜阳开花植物，山体北坡宜种植高大乔木、耐荫灌木和耐荫地被植物。

5.3.2 植物布置应有利于突显山体高度，展现植物景观面貌。

5.3.3 在设有观景平台的人造山山顶区，植物布置不应遮挡登山远望的观景视线。

5.3.4 在坡度达到 1∶3 以上的山坡，下木种植应选用根系发达的小灌木密植。

5.3.5 园路地形起坡一侧宜采用草本植物沿线满铺。

5.3.6 计算山坡地上的草坪、地被植物工程量时，应按坡地实际面积计算。

5.4 园路、休息平台、洞穴

5.4.1 园路路基土、各类平台地基土应采用机械压实，压实度应符合本标准第 7.3.1 条的规定。

5.4.2 园路基层宜采用柔性基层或半刚性基层。

5.4.3 主路纵坡应小于 8%，连续坡道长度应小于 200 m。

5.4.4 采用面层平整材料的支路和小路纵坡应小于 12%，采用面层自然毛面材料的园路纵坡应小于 18%，卵石路面和防腐木路面的园路纵坡应小于 10%。

5.4.5 设有台阶的园路应在园路中间或两侧设扶手。

5.4.6 休息平台面积宜小于 100 m^2，平台基层应采用钢筋混凝土材质，每隔 8 m 应设置沉降缝。

5.4.7 园路在地形起坡一侧应设排水设施。

5.4.8 采用山体构筑营造的人造山中可布置洞穴景观。洞穴应按建筑地下空间的相关规范进行布置，并应满足消防疏散要求。

5.5 支挡结构、护栏

5.5.1 山体表层土体边坡超过 1∶2 时，应设支挡结构。

5.5.2 支挡结构宜采用自然石材、木桩等材料建设。

5.5.3 支挡结构出土高度超过 0.7 m 时，应在支挡结构上口设护栏或支挡结构上口边沿布置茂密的木本灌木围挡。护杆高度不应低于 1.05 m，灌木围栏高度不应低于 0.5 m，宽度不应小于 0.8 m。

5.5.4 支挡结构顶与土坡交界处应设排水沟。

5.6 假山、驳石、置石

5.6.1 营造假山、崖壁景观时，宜采用天然景石叠筑或人工塑石的方式，其基础应结合山体填筑或构筑方式统筹考虑。

5.6.2 山坡支挡结构、山谷溪流河岸宜采用驳石等方式，形成自然的山坡景观。

5.6.3 山坡上的景观置石宜半埋于土中，形成露头石自然景观。置石宜设混凝土基础。

5.7 瀑布、溪流、天池

5.7.1 山谷地形落差较大时，可营造瀑布景观。瀑布水源宜取自绿地内的水体，也可利用雨水汇集形成瀑布景观。

5.7.2 溪流或水池宜在底部设防水层，宜采用溪流坑石覆盖。水岸宜采用湿地植物或景石进行景观化处理。

5.7.3 天池宜设于山间围合的谷地中，天池应设控制水位的溢水口。

5.8 园林建筑、园林建筑小品

5.8.1 园林建筑和园林建筑小品宜布置在山体南侧视野开阔的区域。

5.8.2 园林建筑宜为一层建筑，占地面积不宜超过 200 m^2。

5.8.3 人造山山顶可设兼具观光游览、森林防火监察等功能的观景塔。

5.8.4 园林建筑和园林建筑小品的建筑结构设计应与山体填筑体或构筑体的结构协同设计。

5.9 给排水

5.9.1 人造山中应设置绿化浇灌洒水栓，洒水栓宜沿园路布置，间距宜为 100 m。

5.9.2 草地和小灌木、花甸宜布置自动喷灌系统。

5.9.3 人造山中雨水不宜采用管网排水形式，宜结合山体地形形成蜿蜒的排水明沟，宜在山体谷底设排水明沟，在山体陡坡处宜在不同高程分层设排水明沟。排水沟宜采用溪坑石、卵石或其他硬质材料进行自然式布置。

5.9.4 公园绿地的雨水排水管网系统应避免布置在人造山山体基底范围内。

5.9.5 山体排水应结合绿化景观、填筑体内部排水协同设计。

5.10 电　气

5.10.1 山顶设有平台并且周边植物低于 2 m 时，应设置避雷设施。

5.10.2 园林建筑、园林建筑小品、重要造景植物宜采用具有夜间景观效果的泛光照明。

5.10.3 供游览的洞穴应进行灯光设计。

5.10.4 崖壁和高差较大的支挡结构的边口处应设警示灯光照明。

6 山体地基设计

6.1 一般规定

6.1.1 山体地基设计应符合下列要求：

1 地基及山体稳定要求。

2 山体及山体影响范围内建(构)筑物的变形控制要求。

3 地基处理施工工艺和材料的环保要求。

6.1.2 山体地基设计应综合考虑下列因素：

1 绿化景观总体布置和要求。

2 山体周围环境及安全等级。

3 气候、地形、水文和地质条件。

4 山体的高度、坡度和形态。

5 填筑材料、填筑速率和建设工期。

6 山体工程导致的设计条件的改变。

7 地基处理的合理性和经济性等。

6.1.3 以饱和黏性土为主的地基可采用排水固结法、浅层处理法和复合地基法进行地基处理。应结合山体填筑工期、地基变形要求和场地地质条件确定合适的地基处理方法，同一山体也可采用多种地基处理方法。

6.1.4 初步设计阶段应确定地基处理方法及初步设计方案；施工图设计阶段应结合现场试验确定地基处理具体设计和施工参数。

6.1.5 地基土指标应根据不同工况的荷载大小、地基排水固结状态以及其他因素合理选取。

6.1.6 存在以下任一情况时，除应采用简化分析方法外，还应结合数值分析法进行山体地基设计：

1 安全等级为一级，不易简化为平面问题或轴对称问题的形态复杂的山体。

2 安全等级为一级，施工工况与地质条件复杂且无相关工程经验的山体。

3 需要进行环境变形影响评估且无相关工程经验的、安全等级为一级和二级的山体。

6.2 变形计算

6.2.1 山体地基变形计算内容与控制标准应符合下列规定：

1 人造山周边环境对变形无要求时，应计算沉降最大位置处的地基最终沉降 s_f、施工结束时沉降 $s(t_p)$ 和工后沉降 s_p。安全等级为一级的山体地基工后沉降 s_p 宜小于 75 cm，二级山体地基工后沉降 s_p 宜小于 100 cm，三级山体地基工后沉降 s_p 宜小于 125 cm。

2 人造山有空腔结构或山体上有对变形敏感的建(构)筑物时，应计算相应位置处原地面的最终沉降 s_f、施工结束时沉降 $s(t_p)$ 和工后沉降 s_p。结构物周边 10 m ～ 20 m 和 20 m ～ 50 m 范围内的地基工后沉降 s_p 应分别小于 20 cm 和 40 cm。

3 人造山周边环境对变形有要求时，变形控制值应符合相关要求。

6.2.2 地基变形计算可采用分层总和法、数值分析法和监测数据推测法。应根据设计计算要求以及人造山体工程的复杂性确定合适的分析方法。

6.2.3 采用数值分析法时，应根据山体填筑速度、地基土的排水特性和固结状态确定数值分析模型、地基土本构模型及参数，计算施工期及运营期的地基变形。

6.2.4 采用分层总和法时，地基最终沉降 s_f、固结沉降 s_c、任一时刻 t 的沉降 $s(t)$ 和工后沉降 s_p 应按式(6.2.4-1)～式(6.2.4-5)计算：

$$s_f = \psi_s s_c \tag{6.2.4-1}$$

$$s(t) = \psi_s s_c \bar{U}(t) \tag{6.2.4-2}$$

$$s_p = s_f - s(t_p) \tag{6.2.4-3}$$

$e \sim p$ 曲线法
$$s_c = \sum_{i=1}^{n} \frac{e_{0i} - e_{1i}}{1 + e_{0i}} h_i \tag{6.2.4-4}$$

压缩模量法
$$s_c = \sum_{i=1}^{n} \frac{\Delta\sigma_{zi}}{E_{si}} h_i \tag{6.2.4-5}$$

式中：ψ_s——沉降经验系数，可结合经验确定，无经验情况下取1.1～1.4；

$\bar{U}(t)$——t 时刻地基平均固结度；

$s(t_p)$——施工结束时的沉降；

n——压缩层内土层分层数，压缩层深度按本标准第6.2.5条确定；

e_{0i}——第 i 层土中点的竖向有效自重应力 σ'_{v0i} 所对应的孔隙比；

e_{1i}——第 i 层土中点的竖向有效自重应力 σ'_{v0i} 与竖向附加应力 $\Delta\sigma_{zi}$ 之和所对应的孔隙比；

h_i——第 i 层土的厚度(m)；

$\Delta\sigma_{zi}$——第 i 层土的竖向附加应力(kPa)，计算方法见本标准第6.2.6～6.2.8条；

E_{si}——第 i 层土的压缩模量(MPa)。

6.2.5 采用分层总和法时，对于浅部淤泥质土和一般黏性土，压缩层深度取竖向附加应力 $\Delta\sigma_z$ 与竖向有效自重应力 σ'_{v0} 的比值为0.1的深度；对于深部的砂土、粉土及超固结黏性土，压缩层深度取竖向附加应力 $\Delta\sigma_z$ 与竖向有效自重应力 σ'_{v0} 的比值为0.2的深度。

6.2.6 可简化为圆形均布、三角形条形、圆锥形、梯形条形、圆台形等简单形态的山体，地基中心及任意位置的竖向附加应力按式(6.2.6)计算：

$$\Delta\sigma_z = \alpha_z p_0 \tag{6.2.6}$$

式中：$\Delta\sigma_z$——竖向附加应力(kPa)；

p_0——山体中心荷载(kPa)，见本标准附录A；

α_z——竖向附加应力系数，与荷载类型以及位置有关，按本标准附录A计算。

6.2.7 相邻山体间的竖向附加应力相互影响，根据本标准附录A给出的任意位置处的竖向附加应力系数，按照叠加法确定。

6.2.8 形态复杂山体，可分解为本标准附录A所示的几种简单形态，按照叠加法确定竖向附加应力，也可将山体荷载分解为若干作用于地基表面的竖向集中荷载，按式(6.2.8)叠加计算：

$$\Delta\sigma_z = \sum_{i=1}^{n} \frac{3Q_i z^3}{2\pi R_i^5} \tag{6.2.8}$$

式中：n——竖向集中荷载的个数；

z——计算点的深度(m)；

Q_i——第 i 个竖向集中荷载的大小(kN)；

R_i——计算点与竖向集中荷载 Q_i 作用点连线的长度(m)。

6.3 稳定性计算

6.3.1 山体地基稳定性计算应针对施工期以及运营期各工况，考虑地质条件、边坡形态和周围环境等条件，选取数个代表性剖面通过计算分析得出最不利滑动剖面。选取的代表性剖面宜考虑下列因素：

1 山体最高点。

2 山体滑动剖面的平均坡度。

3 山体坡脚有河道、湖泊等地表标高降低之处。

4 暗浜、软弱土之处。

5 山体边坡局部变陡之处。

6 周围环境复杂之处。

7 地基稳定性较低的其他部位。

6.3.2 山体地基稳定性计算方法应考虑场地地质条件、山体形态以及地基破坏方式，并应符合下列要求：

1 地基均匀且可简化为平面问题时，可采用圆弧滑动条分法分析。

2 当天然地基存在软弱夹层或浅层处理地基存在软弱下卧层时，应按照软弱下卧层中可能产生的水平向滑动进行侧向滑动稳定性分析。

3 不宜简化为平面问题的复杂山体，宜采用基于强度折减法的三维数值分析方法。

4 有条件时，可采用工程类比法分析。

5 坡度超过 1∶0.35 的陡峭山体，还应参照相关规范进行地基承载力验算。

6.3.3 山体地基稳定分析应包括一般工况、暴雨工况和暴雨+地震工况，各工况安全系数 F_s 不应小于表 6.3.3 的规定。

表 6.3.3 山体地基稳定安全系数 F_s

安全系数 \ 分析方法	工况								
	一般工况			暴雨工况			暴雨+地震工况		
	安全等级								
	一级	二级	三级	一级	二级	三级	一级	二级	三级
圆弧滑动条分法	1.30	1.25	1.20	1.15	1.10	1.05	1.10	1.05	1.00
非圆弧滑动条分法（平面滑动法或折线法）	1.35	1.30	1.25	1.20	1.15	1.10	1.15	1.10	1.05
强度折减有限元法	1.40	1.35	1.30	1.25	1.20	1.15	1.20	1.15	1.10

6.3.4 圆弧滑动条分法如图 6.3.4 所示。不考虑地震荷载作用时的山体地基稳定安全系数 F_s 按式(6.3.4-1)～式(6.3.4-3)计算：

$$F_s=\frac{\text{滑动体绕}O\text{点的抗滑力矩}}{\text{滑动体绕}O\text{点的下滑力矩}}=\frac{R\sum_{i=1}^{n}T_i+M_R}{R\sum_{i=1}^{n}W_i\sin\alpha_i} \tag{6.3.4-1}$$

$$T_i=\tau_{fi}L_i \tag{6.3.4-2}$$

$$L_i=b_i/\cos\alpha_i \tag{6.3.4-3}$$

式中：R——圆弧滑动面的半径(m)；

T_i——第 i 个土条的滑动面上的剪应力(kN)；

τ_{fi}——滑动面处第 i 个土条的抗剪强度(kPa)，按照第 6.3.6 条确定；

L_i——滑动面穿过第 i 个土条的长度(m)；

b_i——第 i 个土条的宽度(m)；

W_i——第 i 个土条的重力(kN)，包括山体填筑体和表层种植土的自重 W_{Ii} 和地基土自重 W_{IIi} 两部分；

α_i——第 i 个土条的滑动面与水平面的夹角(°)；

M_R——各种抗滑措施提供的绕 O 点的抗滑力矩(kN·m)。

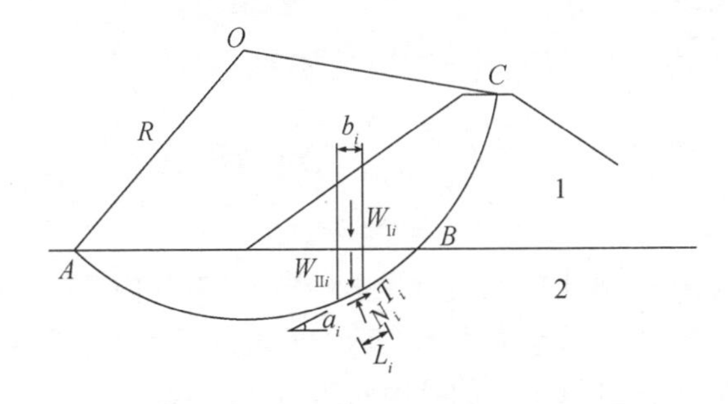

1—山体；2—地基

图 6.3.4 山体地基稳定分析圆弧滑动条分法

6.3.5 山体沿软弱夹层的侧向滑动分析如图6.3.5所示，地基稳定安全系数 F_s 按式(6.3.5)计算：

$$F_s=\frac{(s_{u0}+\Delta s_u)L}{P_A-P_P} \tag{6.3.5}$$

式中：s_{u0}——软弱夹层的原位不排水抗剪强度(kPa)；

Δs_u——滑动体 $gdbf$ 的重力 W 作用下软弱夹层的固结强度增长(kPa)；

L——滑动面的长度(m)；

P_A，P_p——作用于滑动体 $gdbf$ 两侧的主动土压力和被动土压力(kN)。

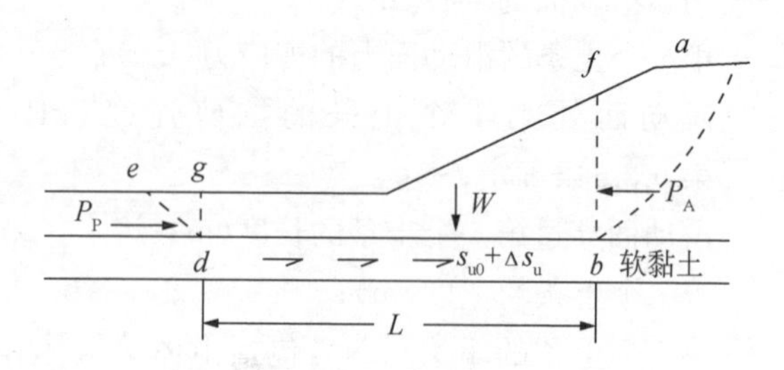

图6.3.5 软弱夹层侧向滑动分析

6.3.6 地基稳定性计算不宜考虑表层种植土的抗剪强度，地基土和填筑体的抗剪强度 τ_{fi} 应符合下列规定：

1 饱和砂土、粉土地基采用有效强度参数计算：

$$\tau_{fi}=c'_i+\sigma'_{Ni}\tan\varphi'_i \tag{6.3.6-1}$$

$$\sigma'_{Ni}=W_i\cos\alpha_i/L_i-u_i \tag{6.3.6-2}$$

式中：c'_i，φ'_i——砂土的有效黏聚力(kPa)和有效内摩擦角(°)；

σ'_{Ni}——有效应力表示的剪切面上的正应力(kPa)；

u_i——计算位置的孔隙水压力(kPa)。

2 饱和黏性土地基的抗剪强度应采用不排水抗剪强度 s_u，

即 $\tau_{fi}=s_{ui}$。饱和黏性土的原位不排水抗剪强度s_u 可采用十字板试验或其他原位测试方法确定。固结造成的软黏土强度增长计算应符合现行上海市工程建设规范《地基处理技术规范》DG/TJ 08—40 中的有关规定。

3　山体填料的抗剪强度 τ_{fi} 根据总强度参数计算：

$$\tau_{fi}=c_i+\sigma_{Ni}\tan\varphi_i \tag{6.3.6-3}$$

$$\sigma_{Ni}=W_i\cos\alpha_i/L_i \tag{6.3.6-4}$$

式中：c_i，φ_i ——山体填料的内黏聚力(kPa)和内摩擦角(°)，根据填料类型、施工方法和设计工况，按本标准第 6.3.7 条确定；

σ_{Ni} ——总应力表示的剪切面上的正应力(kPa)。

4　复合地基的抗剪强度采用桩土复合抗剪强度 τ_{sp}，按现行上海市工程建设规范《地基处理技术规范》DG/TJ 08—40 确定。

6.3.7　山体填料的抗剪强度参数应根据填料类型、施工方法和设计工况按下列原则确定：

1　施工期宜采用直接快剪或三轴不排水剪强度参数，试验土样的含水率为击实曲线上施工压实度所对应的含水率。

2　粗粒土料宜采用现场大型剪切试验或室内大型三轴试验获得的抗剪强度参数，试验土样应与现场具有相同的级配、干密度和固体体积率。

3　地下水位以下粗粒土料、毛细水上升高度以下的细粒土料或暴雨工况下可能处于浸润线以下的填料，应采用饱水试件的直接快剪和三轴不排水剪强度参数。

4　填料内部排水不畅或填料与原场地地基结合部排水不畅时，应采用饱水试件的直接快剪和三轴不排水剪强度参数。

6.3.8　场地表层的淤泥和淤泥质土，应挖除或依据本标准第 6.5 节进行浅层处理。

6.4 排水固结

6.4.1 排水固结法适用于施工工期较长、山体地基变形与周边环境变形要求不高的山体。

6.4.2 排水固结设计内容应包括下列内容：

1 水平向排水垫层以及竖向排水体的排水系统设计。

2 山体分层填筑设计。

3 地基固结度分析和沉降计算。

4 地基强度增长计算和地基稳定性计算。

6.4.3 应根据场地地质条件、山体荷载大小以及施工工期设计排水系统。

6.4.4 应进行地基固结度计算，有条件时宜根据现场沉降和孔压监测结果确定固结分析计算参数。

6.4.5 分级填筑过程中的地基稳定性计算应按本标准第 6.3.4 条规定进行，并应考虑固结过程中软黏土的强度增长。

6.4.6 地基的最终沉降 s_f、固结沉降 s_c、任一时刻 t 的沉降$s(t)$应按本标准第 6.2.4 条计算。可结合施工期的地基沉降监测数据，采用指数曲线法、三点法或双曲线法推测山体地基的最终沉降 s_f 和工后沉降 s_p。

6.4.7 应根据山体填筑施工监测数据分析地基土的实际固结度和地基稳定性，动态调整山体填筑进度。

6.5 浅层处理

6.5.1 浅层处理方法包括加筋垫层法、换填法和固化法，适用于以下情况：

1 地基浅部存在明暗浜、松散填土、软黏土等软弱土层。

2 天然地基强度不足，通过浅层处理提高地基稳定性。

3 形成硬壳层以提高刚性桩复合地基的整体性能。

6.5.2 浅层处理应按本标准第 6.2.4 条的要求进行地基沉降计算，按第 6.3.4 条和第 6.3.5 条的要求分别进行圆弧滑动和软弱下卧层的非圆弧滑动稳定计算分析。

6.5.3 采用加筋垫层法时，加筋体可采用单层或多层铺设的土工织物、土工格栅或土工格室。加筋垫层设计应包括加筋垫层构造设计，筋材抗拉强度和抗拔稳定性验算。

6.5.4 采用换填法时，垫层材料宜采用砂(或砂石)、碎石、粉质黏土、灰土、高炉干渣、粉煤灰以及满足环境要求的弃土和建筑垃圾。换填设计应给出换填深度和换填范围，明确换填材料以及分层压实质量控制标准。

6.5.5 采用浅层固化法时，应确定固化处理范围与形式、固化施工工艺、固化剂材料与配比。

6.5.6 强力搅拌就地固化法可对厚度 5 m 范围内的软土进行整体式、格栅式或点式处理。当软土厚度小于等于 3 m 时，宜采用全断面处理，处理深度应穿透软土且不宜小于 1.2 m。当软土厚度大于 3 m、小于等于 5 m 时，宜采用全断面联合格栅式或点式处理，最大处理深度应穿透软土且全断面处理深度不宜小于 2.5 m。

6.6 复合地基

6.6.1 柔性桩复合地基可采用碎(砂)石桩、水泥土搅拌桩和旋喷桩，刚性桩复合地基可采用预制桩和灌注桩。

6.6.2 复合地基可用于整体加固和局部加固。局部加固时，加固范围应扩大 1～3 排桩。桩径、桩长和桩间距应根据地质条件、山体形态和高度以及地基变形和稳定性计算分析结果确定，宜采用变间距、变桩长的设计方案。

6.6.3 柔性桩复合地基的设计应包括下列内容：

1 加固范围和桩体的设计与布置。

2 褥垫层设计。

3 整体稳定性验算。

4 沉降计算。

6.6.4 刚性桩复合地基的设计应包括下列内容：

1 加固范围和桩体的设计与布置。

2 桩顶构造设计，包括桩帽、连梁、褥垫层。

3 单桩承载力验算。

4 整体剪切滑动稳定性和绕流滑动稳定性验算。

5 沉降计算。

6.6.5 安全等级为一级的山体，设计前宜进行现场试验，以确定设计参数。

6.6.6 柔性桩复合地基褥垫层的设计应符合现行上海市工程建设规范《地基处理技术规范》DG/TJ 08—40 的有关规定。褥垫层厚度宜采用变厚度设计并不应小于 50 cm。

6.6.7 柔性桩复合地基整体稳定性分析可按本标准第 6.3 节的规定执行，加固区应采用桩土复合抗剪强度 τ_{sp}。

6.6.8 柔性桩复合地基沉降可按本标准第 6.2.4 条压缩模量法计算，其中加固区的压缩模量应采用复合模量 E_{sp}。复合模量 E_{sp} 应符合现行上海市工程建设规范《地基处理技术规范》DG/TJ 08—40的有关规定。

6.6.9 刚性桩复合地基的桩顶构造设计应符合下列规定：

1 桩顶应设置桩帽，桩帽之间可设置连梁。

2 桩帽采用的混凝土强度等级不宜低于 C30，可采用柱体或台体，直径或边长宜为 1.0 m～1.5 m，厚度经过抗冲切验算确定。桩顶进入桩帽不应小于 5 cm，桩帽和刚性桩之间应采用钢筋连接，锚固长度不应小于 35 倍钢筋直径。

3 连梁采用的混凝土强度等级不宜低于 C30，配筋应经过抗弯和抗剪验算确定。

4 褥垫层应选用碎石、砂砾以及建筑垃圾等，桩帽上部的褥垫层厚度不宜小于 1 m。褥垫层内应设置高强度土工格栅等土工合成材料。

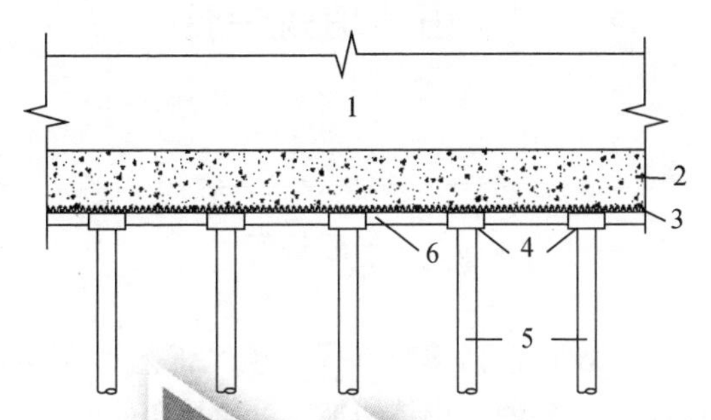

1—山体；2—褥垫层；3—土工合成材料；4—桩帽；5—刚性桩；6—连梁或桩帽间垫层

图 6.6.9　刚性桩复合地基的桩顶构造

6.6.10　刚性桩复合地基承载力、稳定性和沉降计算应符合现行行业标准《公路软土地基路堤设计与施工技术细则》JTG/T D31—02 的有关规定。

6.6.11　无类似工程经验情况下，宜结合三维数值分析法分析刚性桩复合地基的整体稳定性、变形以及桩体内力。

7 山体填筑设计

7.1 一般规定

7.1.1 山体填筑设计包括填料选择和填筑工艺等内容，不包含山体表层绿化种植土的设计，山体边坡设计应结合种植土综合考虑。

7.1.2 山体填筑设计应综合考虑山体园林景观、建筑及园路布置特点，结合山体内部空间使用要求确定相应的设计目标。

7.1.3 山体填筑材料选择应因地制宜，综合考虑山体不同填筑区域的功能要求、场地内土方调配以及当地可利用建筑垃圾、工业废渣等资源情况。针对不同填筑材料特点和填筑区功能要求，选择合适的填筑和压实工艺；必要时，宜选择具有代表性的场地进行山体填筑的现场试验或试验性施工，确定山体填筑设计和施工参数。

7.1.4 施工阶段的山体填筑动态设计应根据施工和监测数据分析山体变形及稳定性，及时调整设计参数。

7.1.5 山体内部空腔结构或上部建（构）筑物的结构及基础设计应考虑山体荷载分布及变形影响。设置于填筑山体上方的建（构）筑物应根据填筑完成后山体的实测变形趋势确定合理的施工时间。

7.1.6 应提出山体填筑过程中的坡面防护要求。

7.2 填筑材料

7.2.1 山体填筑材料的选择应符合下列要求：

1 符合因地制宜、经济节能、绿色环保的要求，优先采用建筑垃圾、工业废渣等填料。

2 满足山体变形和边坡稳定的要求。

3 根据山体各功能分区特点及要求选择合适的填料。

4 山体景观区域填料应满足景观和绿化要求。

5 山体园路及建(构)筑物分布区域、空腔结构与填筑山体搭接区域以及其他对沉降敏感的区域,应选择透水性良好的填料;采用细粒土填筑时,可采用无机结合料进行稳定处治。

7.2.2 采用土料填筑时,应符合下列规定:

1 不得采用含生活垃圾和树根等腐殖质的土。

2 淤泥、有机土以及液限大于50%、塑性指数大于26的细粒土,不应直接用作填料。

3 细粒土的含水量与最优含水量的偏差不应超过±2%。

4 粗粒土粒径大于2 mm的颗粒质量应大于总质量的50%,不均匀系数不应小于10,曲率系数宜为1~3,级配应良好。

5 采用人工挖湖、基坑弃土作为填料时,应符合细粒土的要求;含水量不满足压实要求时,应采取摊铺晾晒、掺无机结合料等措施改良处理。

7.2.3 采用建筑垃圾填筑时,建筑垃圾应符合现行行业标准《建筑垃圾处理技术标准》CJJ/T 134有关规定,并应满足下列要求:

1 山体堆填前应进行分类和大块物料破碎等预处理,最大粒径宜小于20 cm。

2 宜采用经分选处理的渣土和破碎的再生块体。

3 填料使用前宜通过压实试验确定填筑参数。

4 污染物治理不达标的污染土,含有金属、木材、塑料或其他未经分类处置的拆除垃圾和装修垃圾,以及含有有毒物质或危险废物的建筑垃圾不应作为填料使用。

7.2.4 采用工业废渣填筑时,应符合下列要求:

1 应按照国家现行环境保护的有关规定执行,严禁采用含有有害物质的工业废渣。

2　应开展化学成分和矿物成分分析试验，确定其化学成分、矿物成分、浸出液内有害物质含量、pH 值、烧失量等，评价其对水体、土壤等的影响程度。试验方法应符合现行国家标准《固体废物浸出毒性测定方法》GB/T 15555 的有关规定。

7.2.5　采用聚苯乙烯泡沫(EPS)填筑时，应符合下列规定：

1　材料密度不宜小于 20 kg/m^3。

2　10%应变的抗压强度不宜小于 110 kPa，抗弯强度不宜小于 150 kPa，压缩模量不宜小于 3.5 MPa，7 d 体积吸水率不宜大于 1.5%。

3　在有防火要求的建筑物附近衔接区域，应采用阻燃型 EPS 材料。

4　EPS 材料宜用于山体顶部区域。

7.2.6　采用泡沫轻质土填筑时，应符合下列规定：

1　施工最小湿重度不应小于 5.0 kN/m^3，施工最大湿重度不宜大于 11.0 kN/m^3。

2　流值范围宜为 170 mm～190 mm。

3　无侧限抗压强度应符合表 7.2.6 的规定。

表 7.2.6　用于山体填筑的泡沫轻质土无侧限抗压强度要求

部位	无侧限抗压强度(MPa)		
	山体高度≥10 m	4 m≤山体高度＜10 m	山体高度＜4 m
置换地基土	≥0.6		
山体填筑	≥0.6	≥0.5	≥0.4
附属建筑基础	1.0		

7.3　山体填筑

7.3.1　人造山应根据填筑区域的景观或上部建(构)筑物地基要求划分不同的填筑区，不同填筑区的压实度应符合设计要求。除表层种植土以外的其他填筑土应满足表 7.3.1 的规定。

表 7.3.1 人造山填筑压实要求

山体填筑区域	压实度(%)
上部建(构)筑物区	≥95
边坡稳定不利区	≥93
道路路基基层区	≥93
其余区域	≥90

注:采用重型压实标准。

7.3.2 当采用建筑垃圾、工业废渣或其他特殊土类作为填料时,宜通过填筑试验确定下列设计参数和施工方法:

1 粗粒土料的粒径、级配;细粒土料的最大干密度和最优含水量。

2 分层填筑厚度和松铺系数。

3 分层压实施工方法和施工参数等。

4 质量检验项目、方法、数量和频率,以及质量控制指标与评价标准。

7.3.3 山体填筑应采用分层填筑、分层压实。压实方法宜根据填料类型合理选取。分层压实的松铺厚度、压实遍数、间歇时间等参数宜通过现场试验确定。

7.3.4 表层种植土坡度较大时,应在山体填筑体设置平台或采取土工格栅等防滑措施。

7.3.5 山体采用 EPS 填筑时,EPS 上部应设置 15 cm～18 cm 厚的钢筋混凝土保护层。当 EPS 上部钢筋混凝土保护层的坡度大于 1∶2.5 时,应设置混凝土阻滑块和土工格栅等防滑措施。

7.3.6 当景观绿化或山体稳定对填筑山体内部排水有要求时,应进行填筑山体内部排水系统设计并应符合下列规定:

1 宜根据填料情况设置盲沟、水平排水层和管涵等排水设施,并与坡面排水相衔接。粗粒土料填筑山体可不设内部排水系统。

2　黏性土填筑山体内部排水宜采用水平碎石滤层，采用单一或综合水平排水的盲沟、塑料排水笼或排水管等排水方法，盲沟、塑料排水笼或排水管的长度、间距应根据排水量和填料的性质确定。

3　应根据填筑山体内水的来源确定排水设施的位置。来源于地表大气降水的下渗水，应在填筑山体上部设置排水设施；对填筑山体内部可能升高的地下水，应在填筑山体内设置排水设施。

4　水平排水层、盲沟或排水笼的坡度不宜小于2%，排水体尺寸应满足排水要求。

5　填筑山体地基内部排水出口应与坡面排水沟结合，并采取反滤措施，不应破坏边坡坡脚。

7.4　边　坡

7.4.1　填筑边坡设计应符合下列要求：

1　应根据景观总体确定的地形要求采用动态设计，应在充分掌握场地工程地质条件、水文地质条件、填料来源及其工程性质的基础上，综合进行填筑断面、排水设施、边坡防护等设计。

2　边坡无法满足局部稳定时，应设置支挡结构或采用局部加筋措施。

3　边坡采用支挡结构时，作用在支挡结构上的土压力可按库仑主动土压力计算；有地下水渗流作用时，应考虑渗流力的影响。

4　边坡设计应控制边坡土体及地基变形对邻近已建或拟建建(构)筑物的不利影响。

7.4.2　边坡设计应根据岩土工程勘察资料及填料特性确定填筑边坡稳定性分析的计算参数，并应符合本标准第6.3.7条的规定。

7.4.3 边坡稳定性分析应包括整体抗滑稳定分析、局部抗滑稳定分析。当采用支挡结构时，应进行抗滑移、抗倾覆和局部稳定验算。

7.4.4 边坡形式应根据景观总体确定的地形设计进行分析和比选，支挡结构的设计应与景观设计协同考虑。

8 空腔结构设计

8.1 一般规定

8.1.1 人造山体内空腔结构的安全等级不应低于二级，设计使用年限不应小于50年。

8.1.2 混凝土空腔结构的设计宜采用以概率论为基础的极限设计方法，采用分项系数的设计表达式按承载能力极限状态、正常使用极限状态的要求进行计算。结构计算应符合下列要求：

1 按承载能力极限状态进行结构构件的承载力计算和整体稳定性（倾覆、滑移、上浮）验算，并应进行结构构件抗震承载力验算。

2 按正常使用极限状态进行结构构件的变形验算、裂缝宽度的验算。

8.1.3 空腔结构应在地质条件、荷载、结构形式等显著变化部位设置变形缝，并采取工程技术措施，控制变形缝两侧的不均匀沉降。

8.1.4 空腔结构应根据因地制宜、技术经济合理的原则，合理采用地下室结构、隧道结构、桥涵结构等形式，并提供与之相适应的施工说明。

8.1.5 空腔结构应根据实际需求、功能布置及周边环境条件等，选择合理的功能形式与优化的布局设计。

8.1.6 空腔结构应根据使用性能合理选用基础形式，并根据沉降控制以及与周边变形协调的要求进行结构设计。

8.2 荷载分类与荷载组合

8.2.1 空腔结构上作用荷载可按表 8.2.1 进行分类，并应符合现行国家标准《建筑结构荷载规范》GB 50009 的有关规定。

表 8.2.1 空腔结构上作用的荷载分类

<table>
<tr><th colspan="2">荷载类型</th><th>荷载名称</th></tr>
<tr><td colspan="2" rowspan="8">永久荷载</td><td>结构自重</td></tr>
<tr><td>人造山体填筑材料引起的压力</td></tr>
<tr><td>结构上部和破坏棱体范围内的设施、建筑物、种植土荷载</td></tr>
<tr><td>静水压力和浮力</td></tr>
<tr><td>混凝土收缩及徐变作用</td></tr>
<tr><td>预加应力</td></tr>
<tr><td>地基下沉影响</td></tr>
<tr><td>固定设备重量</td></tr>
<tr><td rowspan="9">可变荷载</td><td rowspan="5">基本可变荷载</td><td>山体表面车辆荷载及其动力作用、人群荷载等</td></tr>
<tr><td>山体表面车辆及人群荷载引起的侧向压力</td></tr>
<tr><td>结构内部荷载（车辆荷载、内水压力、楼面荷载等）</td></tr>
<tr><td>植被荷载</td></tr>
<tr><td>水压力变化</td></tr>
<tr><td rowspan="4">其他可变荷载</td><td>温度作用（力）</td></tr>
<tr><td>施工荷载</td></tr>
<tr><td>风荷载</td></tr>
<tr><td>雪荷载</td></tr>
<tr><td colspan="2" rowspan="3">偶然荷载</td><td>地震荷载</td></tr>
<tr><td>人防荷载</td></tr>
<tr><td>爆炸、汽车撞击力等荷载</td></tr>
</table>

注：设计中要求考虑的其他荷载，可根据其性质分别列入上述三类荷载中。

8.2.2 永久荷载标准值应符合下列要求：

1 空腔结构自重可按结构设计断面尺寸及材料重度标准值计算。

2 山体填筑材料引起的竖向荷载应按计算截面以上全部堆填材料压力考虑。

3 山体引起的侧向压力：

1）滑裂面在有限堆填材料宽度范围内，宜按水土分算的原则考虑，采用朗肯土压力公式计算。

2）滑裂面超过有限堆填材料宽度范围，宜按有限土体土压力理论计算。

4 根据设防水位以及可能发生的地下水最高水位和最低水位两种情况，计算水压力和浮力对结构的作用。

8.2.3 可变荷载标准值可按下列规定进行计算：

1 地面超载一般可按不小于 20 kPa 考虑。计算中还应考虑其产生的附加水平侧压力。

2 车辆荷载及其动力作用应符合现行行业标准《公路桥涵设计通用规范》JTG D60 的有关规定。

3 变形受约束的结构应考虑温度变化和混凝土收缩、徐变对结构的影响。

8.2.4 偶然荷载标准值可按下列规定计算：

1 地震荷载应符合现行上海市工程建设规范《建筑抗震设计规程》DGJ 08—9 的有关规定。

2 人防荷载应符合现行国家标准《人民防空工程设计规范》GB 50225 的有关规定。

8.3 建筑材料

8.3.1 选用建筑材料应考虑以下因素：

1 应根据空腔结构类型、受力条件、使用要求和所处环境等因素进行选用。

2 应注重建筑材料的经济性，节约建设成本，就地取材。

3 在满足安全性、适用性、耐久性的条件下，宜选用节能、环保的材料。

4 宜采用新型材料和绿色再生建材，如再生混凝土、纤维增强复合材料(FRP)等。

8.3.2 主要受力结构应采用钢筋混凝土结构或钢-混凝土组合结构，并根据受力要求确定混凝土设计强度等级，强度等级不应低于 C35；有特殊需要时，也可采用钢结构和其他材料。

8.3.3 空腔结构中钢筋混凝土材料和钢材的性能应符合现行国家标准《混凝土结构设计规范》GB 50010 和《钢结构设计标准》GB 50017 的有关规定。

8.3.4 空腔结构采用再生粗骨料、再生细骨料时，其性能应符合现行上海市工程建设规范《再生骨料混凝土应用技术规程》DG/TJ 08—2018 的有关规定。

8.3.5 空腔结构应根据使用要求合理选用防水材料，防水混凝土、水泥砂浆、防水涂料、防水卷材等材料特性应符合现行国家标准《地下工程防水技术规范》GB 50108 的有关规定。

8.4 结构分析及计算

8.4.1 空腔结构设计应结合人造山体荷载分布不均、有限范围填土以及易受降水影响等不利因素，按最不利原则进行荷载组合与结构设计计算。

8.4.2 地基基础设计应与空腔结构统筹考虑，基础的安全等级宜与空腔结构安全等级相同，并宜按地基、基础与空腔共同作用，考虑局部土体稳定与变形协调进行结构设计。空腔结构四周堆填产生不平衡侧向压力时，应增加基础水平受力的验算；若采用桩基础，当桩周土产生的沉降超过基桩的沉降时，应计入桩侧负摩阻力的影响。当荷载可能引起地基产生较大不均匀沉降及水平位移时，地基应作变形验算。

8.4.3 人造山体空腔结构可根据使用功能合理采用地下室结构、隧道结构、桥涵结构等形式，其设计应符合下列规定：

1 结构方案应符合下列要求：

1）空腔结构应根据使用功能、工程地质、荷载特性、施工工艺等条件，本着安全、经济、对环境影响小的原则选择合理的结构形式和建筑材料。应减少附加应力和局部应力，必要时，应增加防护措施。

2）结构的平、立面布置宜规则，各部分的质量和刚度宜均匀、连续。

3）建筑面积较大时，应根据结构及建筑相关要求合理确定结构缝的位置和构造形式。

4）应明确山体的堆填要求及空腔结构上的设计荷载。

5）山体外侧建筑应满足相关标准要求，宜独立设计，结构平、立面布置宜规则，各部分刚度和质量宜均匀。条件受限时，可与空腔结构一同设计。

2 结构设计与计算应符合下列要求：

1）计算应按照理论计算与工程实践类比相结合的原则进行。内部结构设计应考虑周围环境改变对结构产生的影响，还应考虑施工误差、测量误差、结构变形和沉降。

2）空腔结构应进行整体作用效应分析，必要时尚应对结构中受力状况特殊部位进行详细局部分析。空腔结构外墙应作为主要抗侧力构件参与结构的整体计算。

3）空腔结构设计宜考虑上部有限范围填筑材料、结构、地基与基础的共同作用，结合变形协调条件进行结构的计算与验算。

4）抗浮验算时，应按最不利情况验算。抗浮安全系数当不计侧墙与土体摩阻力时，不应小于1.05；考虑地下室外墙摩阻力或抗拔桩时，不应小于 1.10。当验算地基承载力时，可仅考虑低水位的浮力或不考虑水的浮力。

5）应控制人造山体与空腔结构之间沉降变形差。如人造山体沉降明显超过空腔结构的沉降时，应计入空腔结构侧负摩阻力。

6）当空腔结构四周堆填材料对其产生不平衡侧向压力时，应验算结构的抗滑移稳定性。

3 构造应符合下列要求：

1）空腔结构混凝土强度等级不宜低于 C35。如有防水要求时，应采用防水混凝土，且抗渗等级不应小于 P6。

2）钢筋混凝土保护层厚度应根据结构类别、环境条件和耐久性要求确定，且不应小于钢筋的公称直径。

3）混凝土结构构件的裂缝控制等级及最大裂缝宽度限值应符合现行国家标准《混凝土结构设计规范》GB 50010 的有关规定。

4）空腔结构变形缝宜不设或少设，可根据建筑物结构特点和工程地质情况采用后浇带、诱导缝、施工缝等设计和施工措施。

5）钢筋混凝土墙的拐角与顶、底板的交接处，宜设置边宽不小于 150 mm 的腋角，并应配置构造钢筋，一般可按墙或顶、底板截面内受力钢筋的 50%采用。

6）空腔结构净空应满足总体设计及相关标准要求。

8.4.4 人造山体内空腔结构的抗震设计在符合平面应变的条件下可只计算结构横向的水平地震作用，但对于地质条件、荷载、结构形式明显变化的区段尚应计入竖向地震作用的影响。对于不规则结构、地基明显差异或纵向覆土厚度有较大变化的结构，应分别计算结构横向与纵向的水平地震差异。计算参数、抗震验算及抗震措施应符合现行国家标准《地下结构抗震设计标准 》GB/T 51336 和现行上海市工程建设规范《建筑抗震设计规程》DGJ 08—09 的有关规定。

8.5 结构防水

8.5.1 防水设计应根据环境条件、环境作用等级、结构特点、设计使用年限以及施工方法等因素综合确定，同时应满足结构的安全、耐久性和使用要求。

8.5.2 防水设计应遵循“以结构自防水为根本，以接缝防水为重点，多道防线，综合治理”的原则，采取与其相适应的防水措施。

8.5.3 防水等级应根据工程的重要性、设计使用年限等并符合现行国家标准《地下工程防水技术规范》GB 50108 的有关规定，选用二级或高于二级的防水标准。

8.5.4 不同埋深的结构防水混凝土的抗渗等级应符合表 8.5.4 的规定。

表 8.5.4 防水混凝土设计抗渗等级

结构埋置深度 D(m)	设计抗渗等级
$D<10$	P6
$10\leqslant D<20$	P8
$20\leqslant D<30$	P10
$D\geqslant 30$	P12

注：D 指以人造山体顶部为基准所确定的结构埋置深度。

8.5.5 空腔结构应根据工程情况选用合理的排水措施。有自流排水条件的，应采用自流排水法；无自流排水条件且防水要求较高的地下工程，可采用渗排水、盲沟排水、盲管排水、塑料排水板(带)排水或机械抽水等排水方法。

8.6 耐久性

8.6.1 空腔结构混凝土耐久性设计应根据设计使用年限、环境类别、环境作用等级，采用符合耐久性要求的原材料与配合比，选用合理的结构形式与构造，并相应提出施工过程中的质量控制要求。

8.6.2 空腔结构耐久性设计的技术要求应符合现行相关标准的规定。根据结构的具体特点及重要程度，可调整耐久性设计要求。

8.6.3 空腔结构所处的环境类别和环境作用等级应根据工程勘察、环境调查结果及现行相关标准的规定，确定环境类别、环境作用等级及相关设计内容。

8.6.4 空腔结构防水材料耐久性设计应包括下列内容：

1 弹性橡胶密封垫材质物理性能中的老化性能。

2 遇水膨胀橡胶密封材料的质量变化率或反复浸水试验后的性能变化率。

9 山体土建施工

9.1 一般规定

9.1.1 施工前，应掌握必要的工程地质、水文地质、气象条件、环境因素等勘测资料，根据现场实际情况，制定总体施工方案。人造山环境影响范围内存在变形敏感的建(构)筑物时，应按照危险性较大分部分项工程编制专项施工方案并进行论证。

9.1.2 施工前，应根据设计文件复查场地周围环境，包括建(构)筑物、道路、管线及架空线缆等，并采取防护措施。

9.1.3 施工宜采取数字化施工和信息化管理技术，宜采用实时监控技术。

9.1.4 山体填筑过程应控制工程对环境的不利影响，应采取防止边坡冲刷、水土流失、引发次生灾害的措施。

9.2 地基处理

9.2.1 排水固结施工应符合下列要求：

1 排水沟、排水垫层以及竖向排水体应成为一个连通、有效的排水系统。

2 排水垫层、砂井和塑料排水板(带)的施工应符合现行上海市工程建设规范《地基处理技术规范》DG/TJ 08—40 的有关规定。

3 山体分层填筑施工应严格按照设计方案进行，严禁随意加快填筑进程。现场出现地表隆起、山体开裂等异常情况，应及时记录通报。

9.2.2 加筋垫层施工应符合现行行业标准《公路土工合成材料应用技术规范》JTG/T D32 的有关规定，换填垫层、注浆法和水泥搅拌法等的施工应符合现行上海市工程建设规范《地基处理技术规范》DG/TJ 08—40 中的有关规定。

9.2.3 强力搅拌就地固化法施工应符合下列要求：

1 强力搅拌就地固化设备应包括搅拌装置、供料系统和过程控制系统，宜配备定位系统。搅拌装置应移动方便、操作灵活；供料系统应由固化剂计量配料系统和固化剂定量输料系统组成；过程控制系统应能控制固化剂出料量与出料时间，实时显示并记录已搅拌区域的用料量、水灰比，能存储和打印供料数据。

2 施工中应严格控制喷粉(浆)时间和喷入量，不应中断喷粉(浆)；因故中断或喷粉(浆)不足时，应进行复搅。固化剂的喷料速率控制在 100 kg/min～200 kg/min(粉剂)和 80 kg/min～150 kg/min(浆剂)。浆剂设备压力不小于 3 MPa，粉剂设备压力不小于 0.8 MPa，后台供料系统应能进行多种固化剂的同时供料。

3 固化搅拌后宜进行平整、压实和养护，养护时间不宜少于 7 d。养护时如遇雨天，应在固化场地表面铺设塑料薄膜，做好场地排水。

4 在环保要求较高的地段施工时，应采取合适的施工工艺和必要的环保措施。

9.2.4 复合地基处理施工应符合现行上海市工程建设规范《地基处理技术规范》DG/TJ 08—40 的有关规定，并应符合下列规定：

1 施工前应进行成桩工艺和成桩质量试验，工艺性试桩数量不应少于 5 根。

2 当复合地基加固区附近分布保护对象时，复合地基增强体施工顺序应背离保护对象进行。

3 水泥土搅拌桩施工应严格控制成桩速度和水泥用量，桩顶标高不应低于设计标高。

4 施工过程中应保护相邻管线、建筑物等设施，严格做好变形观测，必要时应采取有效措施，减小施工引起的变形。

9.2.5 刚性桩施工应符合下列要求：

1 大面积施工前，应进行成桩施工工艺试验，每个单独山体不应少于3根，基桩施工28 d后，采用静载荷试验确定单桩承载力极限值。

2 施工场地清理整平后，应先铺设一层厚度为桩帽高度的褥垫层，然后打桩；桩帽浇筑前，应挖除相应体积的褥垫层，第一层水平加筋体应铺设在桩帽顶面。

3 宜按如下顺序打桩：横向宜从地基中心线向两侧的方向推进；纵向宜从构造物部位向山体的方向推进。

4 采用合适的施工工艺，保证桩体质量，防止因振动、挤土等作用导致桩体倾斜、折断、桩体上浮、侧向位移和地面隆起等。

9.3 山体填筑

9.3.1 山体填筑应按照分层填筑、分层压(夯)实、分层检测的顺序施工，下层压实度、承载力等各项指标应经检验合格后方可进行上层施工。

9.3.2 分层填筑应采用堆填摊铺，不应抛填施工。施工过程中应控制场地排水，填土区应中间稍高、四周稍低，坡度不宜小于3‰。

9.3.3 山体填筑至设计标高后应进行沉降补偿填筑，沉降补偿高度可根据预测的工后沉降或设计计算确定。

9.3.4 山体填筑压实方法可采用振动碾压和冲击碾压。填筑压实施工设备应根据填料类型、场地环境、工期和造价等综合确定。填筑压实施工应符合下列要求：

1 分层碾压的每层压实后厚度不应大于设计要求，应满足碾压均匀性和表面平整度。

2 冲击碾压施工运行速度应遵循“先慢后快、先轻后重”的原则。

3　施工过程中应对碾压前后的地表及时进行刮平处理。

4　碾压时应注意填料的含水量变化，采取浇水或晾晒等方式，确保其处于最优含水量±2%的范围内。

5　填筑压实的分层厚度、行驶速度及压实遍数等施工参数应根据现场试验或类似工程经验确定，也可按表 9.3.4 取用并根据实际施工情况进行修正。

表 9.3.4　山体填筑碾压施工参数表

序号	分层厚度(m)		遍数(遍)		行驶速度(km/h)	
	冲击碾压	振动碾压	冲击碾压	振动碾压	冲击碾压	振动碾压
1	0.4～0.6	0.3～0.4	8～10	6～8	6～8	1.5～2.0
2	0.6～0.8	0.4～0.6	10～15	8～10	8～12	1.5～2.0
3	0.8～1.0	—	15～20	—	8～12	—
4	1.0～1.2	—	20～25	—	8～12	—

9.3.5　土工合成材料加筋填筑施工应符合下列规定：

1　施工前应根据设计要求完成地基的加固处理和地下排水设施的施工，并对场地按设计要求碾压。

2　土工合成材料应在铺设前妥善保护，应避免暴晒、损坏、撕裂。施工时应铺设平顺、松紧适度，避免织物张拉受力及不规则折皱，并采取措施防止损伤和污染。

3　填料应分层摊铺、分层碾压，采用大型压路机压实时，压实面与筋材之间的填料厚度不应少于 15 cm；应避免运料车及其他施工机械直接在张紧定位的加筋材料上行进，不应从高处抛洒填料。

4　邻近边坡坡面处、大型压路机难以压到的部位，应采用轻型压实机械分层压实，压实厚度不应大于 15 cm。

5　施工中应修筑临时排水设施。

9.3.6　山体填筑边坡施工应符合下列规定：

1　边坡填筑应按设计要求施工，每完成一级边坡后应及时修整，并做好坡面临时防护。

2 碾压施工机械外边轮距坡面距离宜为 0.4 m～0.6 m，修坡厚度宜小于 0.5 m。

3 山体边坡区域填筑应结合山体边坡变形监测情况以及变形速率要求控制填筑速率。当沉降速率和水平位移速率超过监测预警值时，应减缓填土速度、停止加载或卸载，并及时分析原因，提出对策。

9.3.7 排水工程施工应符合下列要求：

1 施工前应对原材料、成品和半成品进行检测，符合技术质量要求后方可备料，并做好储存和堆放场地工作。

2 排水工程施工的位置、高程和坡度均应符合设计要求。

3 排水盲沟宜在地基处理施工后完成并应分段施工，下游盲沟未建成前不宜与上游盲沟接通；应设临时排水系统并防止淤阻。

9.3.8 相邻施工工作面的搭接部位处理应符合下列规定：

1 当填筑区域较大、各工作面施工进度不同时，搭接部位坡度不宜大于 1∶2，并应根据分层填筑层厚度设置搭接台阶。每个搭接部位，总厚度不宜超过 3 m。

2 不同搭接部位应在平面或竖向位置错开，错开净距应大于 3 m。

9.3.9 雨天施工应符合下列要求：

1 当山体填料为土质混合料和土料时，雨天不宜进行填筑山体碾压施工。

2 应保持施工区排水通畅，做好运输道路维护和防汛准备。

3 雨后施工前，应检测已完成的填筑山体表面土料的含水量；当含水量超过要求时，应采取换填、翻晒等措施，待合格后方可进行后续填筑。

9.3.10 施工过程在生态环境保护方面应符合下列要求：

1 应根据设计要求和工程环境条件，系统分析施工中潜在的环境问题,并制定有效的生态环境保护方案。

2 应按照"永临结合"原则,合理规划和建设施工排水系统和道路系统。

3 原地面地表土清表后应统一规划场地堆放,经处理并检测达标后,可作为绿化种植土或山体填料,尽量减少外运。

4 应采取措施防止水土污染及水土流失,防止噪声污染及空气污染;应采取措施保护生物和文物。

5 宜采用新能源、低排放的施工机械设备。

9.4 空腔结构

9.4.1 施工前应根据工程影响范围内的地质条件、地下管线环境保护要求及结构型式等编制施工组织设计文件或专项施工方案。

9.4.2 施工中应根据设计及相关规定提出的环境保护要求,制定落实各项保护措施,并按照设计及有关规定进行监测。

9.4.3 应确定施工顺序,宜先施工空腔结构、后进行山体堆填。当先进行山体堆填后施工空腔结构或二者同时进行时,应进行施工过程的验算,并制定相应的施工方案。

9.4.4 空腔结构施工应符合现行国家标准《混凝土结构工程施工规范》GB 50666、《钢结构施工规范》GB 50755、《钢-混凝土组合结构施工规范》GB 50901 和《混凝土质量控制标准》GB 50164 的有关规定。

9.4.5 当采用新型材料施工时,应参照相应规范进行施工;如无相关规范,则应制定专项施工方案并进行试验验证。

9.4.6 空腔结构施工时,结构外侧宜设置阶梯构造,形成刚性角。

9.4.7 空腔结构与山体连接处的施工应符合下列要求:

1 应根据现有的地质条件、山体材料以及工程背景资料,确保连接处施工方式的可行性与合理性。

2 应通过方案比选提出最佳施工方法。

3 对关键连接节点进行构造详图的设计。

4 施工方法应包括应对天气变化以及山体结构快速变化的应急措施。

5 施工说明应覆盖施工全过程的不同阶段。

10 园林景观施工

10.1 一般规定

10.1.1 园林景观施工单位应具有相应的资信和符合相关规定的人员配备，并应建立安全和质量保证体系。

10.1.2 园林景观应在山体填(构)筑体、地下管线等工序验收合格后施工。

10.2 种植土土方

10.2.1 应根据施工图的等高线间距设置山体表层竖向测量放样水平控制点。坡体长度大于 20 m 时，应加设中间控制点，并按图 10.2.1 设置。

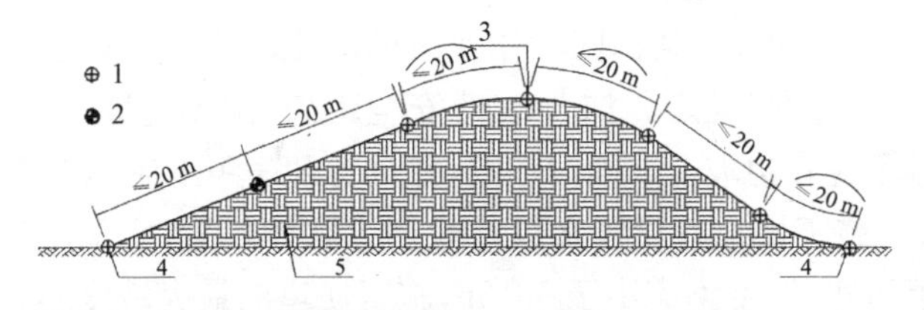

1—转折点或起弧点；2—中间控制点；3—坡顶点；4—坡脚点；5—人造山体

图 10.2.1 竖向测量放样水平控制点

10.2.2 人造山体施工测量放样时，应在转折点、圆弧段起弧点等位置设置水平控制点；当直线段小于等于 20 m 时，中间可不设置控制点；当直线段大于 20 m 时，中间每隔不大于 20 m 应加设一个控制点；当自然曲线曲率半径小于等于 10 m 时，宜在圆弧中点设一个控制点；当自然曲线曲率半径大于 10 m 时，中间每隔不大于 20 m 应加设一个控制点；坡脚控制点宜设置在坡脚外 2 m 位置处。具体如图 10.2.2 所示。

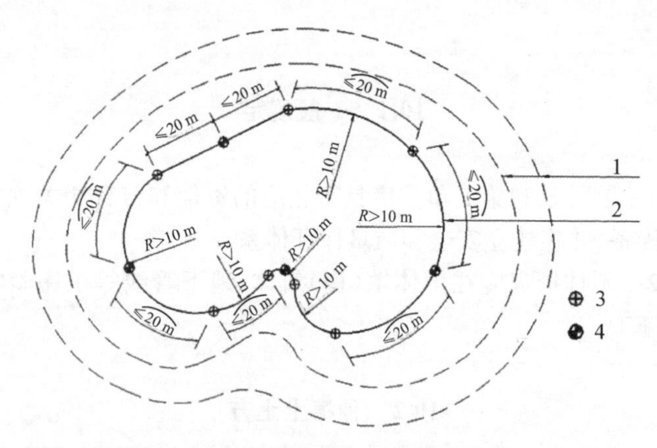

1—已完成等高线；2—本次放样等高线；3—转折点或起弧点；4—中间控制点

图 10.2.2　水平测量放样水平控制点布设

10.2.3　挖土机、装载机作业操作的坡度不应超过 1∶1.75。宜使用履带式挖土机作业。

10.2.4　挖土机、装载机同时作业时的间距不应小于两台机械的各自最大作业半径之和加 3 m 的安全距离；山体陡坡施工时，两台机械不应在边坡上下同时作业，并排行驶净距不应小于 3 m。

10.2.5　施工便道宜设置在设计规划道路的位置，宜采用建筑垃圾回填压实，厚度不应小于 0.8 m，施工便道的最大坡度不宜大于 1∶10。

10.2.6　土方应随用随运，土方临时驳运便道应适当夯实。如现场需要在边坡及坡顶范围内设置临时驳运便道，应经设计验算，严禁擅自设置。

10.2.7　临时土方堆场应选择在地质条件较好的场地，应远离暗浜、河道、建(构)筑物,其土方堆砌边坡应小于 1∶4,最大堆高应小于 3 m。

10.2.8 人造山范围内的地下管(线)宜采用小型机械或人工开挖、下管、回填。

10.2.9 种植土的质量应符合设计和现行行业标准《绿化种植土壤》CJ/T 340 的要求。

10.2.10 有效种植土厚度应根据植物类型和设计要求分区域确定,各区域分界处的种植土表面应平缓过渡。

10.2.11 种植土不应采用机械压实,应通过填土自然沉降密实,自然沉降密实后的厚度不小于设计值。

10.2.12 种植土填筑施工过程中应边施工边防护,防止水土流失。

10.2.13 大雨、大风和冰雪天等恶劣天气,应停止土方施工作业,并加强土方临时防护。下雨前应及时修整边坡,边坡及坡脚应设置良好的排水设施。

10.3 园林小品

10.3.1 园路、广场铺装以下土体应分层压实,压实范围应每侧超出路缘石或表层边缘不少于 0.5 m,地下部分按 1∶1 的坡度放坡至山体填筑体。

10.3.2 园林小品施工宜选用小型机械;若采用大型机械,应经过设计验算。

10.3.3 开挖路槽时,应按设计路边线每侧放出不小于 30 cm 的施工作业面。

10.4 园林绿化

10.4.1 人造山边坡应种植须根发达、固土能力好、抗逆性强的植物，并符合设计要求。

10.4.2 人造山边坡上的植物应垂直种植于土中，种植乔木及大灌木植物时，应保证泥球的上表面中心位于树干和坡面线的交点以上，并应考虑新填土壤的沉降量，树穴四周应有适当的固土护坡措施且符合美观性要求。

10.4.3 人造山体上种植乔木、灌木时，应采取有效的固定措施；固定措施应于植物定植时同时设置，宜采用杉木桩、钢管桩、钢筋混凝土桩及防风索等作为固定支撑材料。杉木桩支撑细端直径不应小于 80 mm；钢管支撑应镀锌防锈。

10.4.4 乔木、灌木栽植时，栽植穴下方应设排水层，栽植穴四周应埋设透气管。

11 监 测

11.1 一般规定

11.1.1 人造山施工及运营维护的全过程中，应对山体、地基及周边环境安全进行监测，并为信息化施工提供参数。人造山监测分为施工监测及运营维护监测。施工监测应从地基处理开始，至山体填筑竣工为止；运营维护监测应从山体填筑完成或交付使用开始，至山体稳定为止。当工程需要时，应延长监测周期。

11.1.2 人造山监测应由设计提出监测项目和要求，由监测单位编制监测方案并实施监测。

11.1.3 人造山监测工作开展前应具备下列资料：

1 基地红线图、地形图、山体总平面图等工程设计资料。

2 岩土工程勘察报告。

3 人造山体设计资料。

4 人造山工程影响范围内的建(构)筑物、地下管线与设施等有关资料。

5 人造山施工方案。

6 其他相关资料。

11.1.4 人造山监测应根据不同安全等级和设计施工技术要求等编制监测方案。监测方案应包括以下内容：

1 工程概况。

2 监测目的、监测项目、测点布置和监测方法。

3 监测元件和仪器。

4 监测频率和报警值。

5 资料整理方法及监测成果形式等。

11.1.5 人造山监测宜优先采用无线、实时监测技术。

11.2 监测项目

11.2.1 人造山监测宜包括山体地基监测、山体填筑监测、周边环境监测、空腔结构及附属设施监测等内容。

11.2.2 山体地基及山体填筑监测项目应按表11.2.2选择，并根据人造山工程特点与安全等级、地质条件、基础形式、边坡形式、边坡支护结构变形控制要求确定，并应符合设计要求。

表11.2.2 山体地基及山体填筑监测项目

序号	监测项目	监测阶段					
		施工监测			运营维护监测		
		安全等级					
		一级	二级	三级	一级	二级	三级
1	山体表面水平和竖向位移	√	○	○	√	√	√
2	原地基表面水平和竖向位移	√	√	√	√	○	○
3	山体及地基土分层竖向位移	√	○	○	○	○	○
4	山体及地基土深层水平位移	√	√	○	○	○	○
5	山体表面裂缝	√	√	○	√	√	○
6	山体地下水位	√	√	√	√	√	√
7	土压力	○	○	○	○	○	○
8	孔隙水压力	√	√	○	√	○	○
9	边坡支护结构变形和内力	○	○	○	○	○	○
10	桩顶反力及桩身应力	○	○	○	○	○	○
11	桩顶位移	○	○	○	○	○	○
12	加筋材料变形和内力	○	○	○	○	○	○

注："√"为应测项目；"○"为选测项目（根据工程情况及相关单位要求确定）。

11.2.3 人造山周边环境监测项目应符合下列要求：

1 人造山周边环境应按表 11.2.3 对周边建(构)筑物、管线进行监测。

2 当人造山工程周边存在轨道交通、原水管等有安全保护区要求的基础设施或其他有特殊保护要求的建(构)筑物时，监测项目应与有关部门或单位共同确定。

表 11.2.3 人造山周边环境监测项目

序号	监测项目	施工监测	运营维护监测
1	原地表水平和竖向位移	√	○
2	山体地表水平和竖向位移	○	√
3	土体分层竖向位移	√	○
4	土层深层水平位移	√	○
5	地表裂缝	√	○
6	地下水位	√	○
7	邻近建(构)筑物水平及竖向位移	√	√
8	邻近建(构)筑物倾斜	○	○
9	邻近建(构)筑物裂缝	√	√
10	临近地下管线水平及竖向位移	√	√

注："√"为应测项目；"○"为选测项目(根据工程情况及相关单位要求确定)。

11.2.4 人造山空腔结构及附属设施宜进行施工期及运营期监测，监测内容宜包括基础沉降、倾斜及裂缝监测。对于有特殊要求的结构，尚应根据相关规范和设计要求进行应变监测。

11.3 监测点布置

11.3.1 山体地基及填筑体监测点布置应根据人造山安全等级、周边环境特点及人造山高度、形状及填筑方式等因素综合确定，且宜在坡度变化之处、每级坡顶或坡脚处布设监测点。

11.3.2 人造山山体地基及填筑体监测断面应根据山体形态确定,采用断面式或辐射式布置,且坡度最陡位置应布置监测断面。

11.3.3 周边环境监测点应布置在人造山山脊和坡度变陡对应保护对象处,不同监测项目的监测点宜布置在同一断面上。地下管线监测点宜布设直接监测点。

11.3.4 山体空腔结构监测点的布置应结合山体安全等级、结构特点等因素综合确定,宜布置在空腔结构底层跨中、结构和基础转角、边桩等位置。

11.3.5 监测点设置应稳定牢固,标识清楚。施工过程中应做好监测点的保护。基准点应在施工前布设在人造山变形影响范围以外,便于长期保存和联测的稳定位置,基准点数量不宜少于3个,并经观测确定其稳定后,方可投入使用。

11.3.6 巡视检查应注意边坡、周边地面及建(构)筑物墙面裂缝、倾斜及渗水等变化,同时了解施工工况、填筑情况的变化、施工质量等问题,对大范围山体填筑,可结合无人机航测、卫星影像等手段开展。

11.4 监测方法及技术要求

11.4.1 监测方法、监测精度应综合考虑人造山工程特点与安全等级、现场条件、设计要求、地区经验和测试方法的适用性等因素后确定。

11.4.2 地基监测项目、周边环境监测项目的监测点应在山体形成前布置,周边环境监测范围不宜小于2倍人造山体高度,地基监测项目及山体填筑监测项目的监测点随山体形成逐级接高。

11.4.3 山体地基、山体填筑及周边环境监测精度应根据山体安全等级、监测项目类型应按表11.4.3确定。空腔结构及附属设施监测精度应根据使用要求确定。

表 11.4.3　人造山监测项目精度要求

监测项目	山体安全等级		
	一级	二级	三级
水平位移	±1.0 mm	±3.0 mm	±10.0 mm
竖向位移	±0.15 mm	±0.5 mm	±1.5 mm
隆起(回弹)	±2.0 mm	—	—
分层竖向位移	±1.0 mm	—	—
裂缝	±0.1 mm	—	—
地下水水位	±10 mm	—	—
深层水平位移	系统精度不宜低于±0.25 mm/m,分辨率不宜低于±0.02 mm/500 mm		
土压力	分辨率不宜低于 0.2% F·S,精度不宜低于 0.5% F·S		
孔隙水压力	分辨率不宜低于 0.2% F·S,精度不宜低于 0.5% F·S		
结构内力	分辨率不宜低于 0.2% F·S,精度不宜低于 0.5% F·S		
加筋材料内力	分辨率不宜低于 0.2% F·S,精度不宜低于 0.5% F·S		

注:1. 水平位移监测精度指观测点坐标中误差,竖向位移监测精度指高差中误差,水平、隆起(回弹)、土层分层竖向位移监测精度指高程中误差。
2. F·S为最大量程。

11.4.4　同一人造山的监测,宜固定观测人员和仪器,并应采用相同的观测方法和观测路线施测。

11.4.5　监测仪器和元件应符合下列要求:

1　监测仪器的灵敏度和精度应满足设计要求,且须有良好的稳定性和可靠度。

2　孔隙水压力计、土压力计等监测元件在埋设安装之前应进行标定,标定资料和稳定性资料经现场监理审核后,方可埋设安装。

3　现场使用的监测仪器应定期校检或校准。

11.4.6　符合下列情况的人造山工程监测宜采用自动化监测:

1　需要进行高频次监测,而人工观测难以胜任的监测项目。

2　监测点所在部位的环境条件不允许或不可能用人工方式进行观测的监测项目。

3　当山体安全等级为一级，在施工关键工序作业期间，存在施工难度特别大的边坡支护体系关键部位或重点保护的环境设施。

11.5　监测频率及报警值

11.5.1　监测频率应能反映人造山、周边环境的动态变化，宜采用定时监测；周边环境或人造山对某一施工工况超报警值时，宜进行跟踪监测。

11.5.2　监测项目的频率应根据施工工况按表 11.5.2 确定，并应满足设计要求；当监测值的日变化量较大、监测值达到报警值或遇到不良天气状况时，应加密监测频率。

表 11.5.2　人造山监测项频率

监测项目	施工工况					
	施工前	地基处理期间	山体填筑期间	填筑分级休止期	填筑完成后 2 年内	剩余运维期
应测项目	初始值各 2 次	1 次/周	1 次/天	1 次/周	1 次/月	1 次/半年
选测项目	初始值各 2 次	1 次/周	1 次/2 天	1 次/半月	1 次/2 月	1 次/半年

11.5.3　监测报警值应由变化速率及累计变化值控制。各监测项目的报警值应由设计单位征询管线或建(构)筑物主管部门确定；当无明确要求时，可按表 11.5.3 取用。

表 11.5.3　人造山监测报警值

监测项目	山体安全等级		
	一级	二级	三级
地表沉降变化速率	≥10 mm/d	≥15 mm/d	≥20 mm/d
边坡水平位移变化速率	≥5 mm/d	≥6 mm/d	≥7 mm/d
深层土体水平位移变化速率	≥5 mm/d	≥7 mm/d	≥10 mm/d

续表11.5.3

监测项目	山体安全等级		
	一级	二级	三级
超静孔隙水压力系数	≥0.5	≥0.7	≥0.9
坡肩或坡脚水平位移与山体中心沉降之比	≥30%		
构件结构内力	≥构件结构设计强度的80%		

注:临近地下管线变形控制应满足管线主管部门的要求;山体空腔结构及周边建(构)筑物的变形报警值可参照现行国家标准《建筑地基基础设计规范》GB 50007和现行行业标准《建筑变形量测规范》JGJ 8有关规定的允许值。

11.5.4 运营阶段监测不宜少于2年,并宜达到地基稳定标准。各类监测项目稳定标准应满足设计要求;当无明确要求时,可按表11.5.4取用。

表11.5.4 人造山监测项目地基稳定标准

监测项目	山体安全等级		
	一级	二级	三级
山体表面垂直位移(mm/d)	0.01~0.06	0.06~0.1	0.1~0.2
边坡水平位移(mm/d)	0.003~0.01	0.01~0.03	0.03~0.05
山体及土体深层水平位移(mm/d)	0.003~0.01	0.01~0.03	0.03~0.05
孔隙水压力系数	0.05	0.1	0.15

注:稳定标准应按上述较为严格的要求执行。

11.6 监测成果与信息反馈

11.6.1 监测成果文件宜包括监测方案、监测日报表(速报)、监测中间报告(阶段报告)和总结报告,并应按时报送相关单位。

11.6.2 总结报告宜收集勘察、设计、施工、检测等资料,建立分析模型,对监测资料进行反分析,综合评价边坡的动态稳定性,并预测工后沉降和工后差异沉降。

12 质量检验与验收

12.1 一般规定

12.1.1 工程应有真实、准确、齐全、完整的施工原始记录、试验检测数据、质量检验结果等质量保证资料。

12.1.2 质量验收应符合现行国家标准《建筑工程施工质量验收统一标准》GB 50300 和现行上海市工程建设规范《园林绿化工程施工质量验收标准》DG/TJ 08—701 的有关规定。

12.2 地基处理与山体填筑

12.2.1 地基处理中的排水固结法、加筋垫层法、换填法、注浆法、水泥土搅拌桩、碎(砂)石桩、旋喷桩的质量检验和验收应满足设计文件要求，符合现行国家标准《建筑地基基础工程施工质量验收标准》GB 50202 和现行上海市工程建设规范《地基处理技术规范》DG/TJ 08—40 的有关规定。

12.2.2 强力搅拌就地固化法质量验收应符合下列规定：

1 原材料检验项目应符合表 12.2.2-1 的规定。

表 12.2.2-1 原材料检验项目

项目		检测频度	质量要求或允许误差	试验方法
固化剂	细度(粉体状)	每批次 2 个样品	不大于 15%	《水泥细度检验方法》GB/T 1345
	固体含量(液体状)	每批次 2 个样品	符合设计要求	《混凝土外加剂匀质性试验方法》GB/T 8077
	化学成分	必要时	符合设计要求	化学成分分析

2 强力搅拌就地固化法施工，应对施工质量进行验收，验收的内容、频率、质量要求或允许误差和方法应符合表 12.2.2-2 的规定。

表 12.2.2-2 强力搅拌就地固化法施工质量验收标准

<table>
<tr><th>项次</th><th colspan="2">检查项目</th><th colspan="2">规定值或允许偏差</th><th>检测方法</th><th>频率</th></tr>
<tr><td rowspan="2">1</td><td colspan="2" rowspan="2">就地固化层厚度(mm)</td><td>厚度大于3 m</td><td>±200</td><td rowspan="2">钻芯取样或静力触探</td><td rowspan="3">单个区域检测点不少于 1 处；每 10 000 m^2 检测点不少于 3 处</td></tr>
<tr><td>厚度不大于 3 m</td><td>±100</td></tr>
<tr><td>2</td><td colspan="2">就地固化层宽度(mm)</td><td>±100</td><td></td><td>米尺测量</td></tr>
<tr><td rowspan="4">3</td><td rowspan="4">强度（选用一种）</td><td>不排水抗剪强度(kPa)</td><td colspan="2" rowspan="4">不小于设计要求</td><td>十字板剪切试验</td><td rowspan="4">单个区域检测点不少于 1 处；每 10 000 m^2 检测点不少于 3 处</td></tr>
<tr><td>静力触探锥尖阻力(MPa)</td><td>静力触探试验</td></tr>
<tr><td>标准贯入击数</td><td>标准贯入试验</td></tr>
<tr><td>轻型或重型动力触探击数</td><td>轻型或重型动力触探试验</td></tr>
<tr><td>4</td><td colspan="2">固体剂掺量(%)</td><td colspan="2">设计值的±0.5</td><td>检查施工记录</td><td></td></tr>
<tr><td>5</td><td colspan="2">承载力(kPa)</td><td colspan="2">不小于设计要求</td><td>荷载板试验</td><td>每 20 000 m^2 检测点不少于 1 处</td></tr>
</table>

注：1. 项次 3、5 为主控项目，其余为一般项目。
2. 对于面积较少的浜塘地区，可酌情减少监测点布置数量。

12.2.3 刚性桩复合地基的施工质量验收应符合表 12.2.3 的规定。

表 12.2.3 刚性桩复合地基的施工质量验收标准

项次	项目	规定值或允许偏差	检查方法和频率
1	桩距(mm)	±50	钢尺测量：桩数 5%
2	竖直度(%)	≤1	经纬仪：桩数 5%
3	桩长(m)	不小于设计值	吊绳测量：桩数 5%

续表12.2.3

项次	项目	规定值或允许偏差	检查方法和频率
4	桩帽或连梁尺寸(mm)	不小于设计值	钢尺测量:桩数5%
5	预制桩尖尺寸(mm)	不小于设计值	钢尺测量:桩数5%
6	单桩承载力	不小于设计值	静载测试:桩数0.2%,并不少于3根
7	桩身完整性	无明显缺陷	低应变测试:桩数5%

注:项次6为主控项目,其余为一般项目。

12.2.4 山体填筑体(不包括表层种植土)质量验收应符合表12.2.4的规定。

表12.2.4 山体填筑体质量验收标准

项次	项目	规定值或允许偏差	检查方法和频率
1	填筑材料	符合设计要求	取样检查:每填筑1万m^3不少于1组,且每种材料不少于3组检验
2	表面标高	不低于设计标高	水准测量:每100 m^2至少有1点
3	分层厚度	符合设计要求	水准测量或挖验法:景观绿化区每1 000 m^2至少有1点;建(构)筑物基础区每500 m^2至少有1点
4	填料含水率	最优含水率±2%	烘干法:景观绿化区每1 000 m^2至少有1点;建(构)筑物基础区每500 m^2至少有1点
5	压实度	不小于设计值	环刀法、灌水法、灌砂法:景观绿化区每1 000 m^2至少有1点;建(构)筑物基础区每500 m^2至少有1点

注:1. 项次3~5为主控项目,其余为一般项目。
2. 验收时间超过绿化完工时间6个月,山体表面标高规定值可适当调整。

1 填筑材料应分批次进行填料质量检验,检验内容包括颗粒组成、级配、含水量、有机质含量、击实试验等。

2 粗粒土和土夹石混合填料分层压(夯)实质量检测应采用

现场干密度试验，试验坑的直径宜大于3倍最大填料粒径，且不应小于1.0 m。对干密度检验的试验坑，检验后应及时回填压(夯)实。

12.2.5 EPS和泡沫轻质土填筑质量检验和验收应符合现行行业标准《公路路基施工技术规范》JTG F10的有关规定。

12.3 空腔结构

12.3.1 空腔结构施工质量检验与验收所用方法应符合现行相关标准的规定，质量检验与验收所用仪器设备应经计量检验合格，并在计量检定有效期间。

12.3.2 空腔结构工程施工质量控制应符合现行相关标准的规定。

12.3.3 空腔结构工程施工质量验收应符合下列规定及现行相关标准的规定：

1 验收项目包括结构外观、强度、构件尺寸、防水等关键因素。

2 当空腔结构采用特殊材料时，应按照特殊材料相关的规范要求进行施工验收。

3 每道工序应经施工验收合格后，方可进入下一道工序施工。

4 空腔结构施工时，应对隐蔽工程进行验收，经确认合格后方可进入下一道工序施工。

12.3.4 空腔结构防水施工应重点进行质量验收，验收标准应符合现行国家标准《地下防水工程质量验收规范》GB 50208的有关规定。

12.3.5 空腔结构与山体连接处和涉及结构安全和使用功能的施工，应按规定进行见证取样检测、平行检验。

12.3.6 主控检查检验项目应符合下列要求：

1 空腔结构的外观质量不应有严重缺陷。

检查数量：全数检查。

检验方法：采用观察方法，并检查技术处理方案。

2 空腔结构的原材料以及强度应符合设计文件规定。

检查数量：全数检查。

检验方法：查验产品合格证、材料性能检测报告、材料配方和现场检测记录。

3 空腔结构不应有影响结构性能和使用功能的尺寸偏差，不应有影响堆山山体安全和稳定性的尺寸偏差。

检查数量：全数检查。

检验方法：测量检验。

4 空腔结构防水施工应满足设计要求，不应影响结构使用功能。

检查数量：全数检查。

检验方法：观察检验，并查验隐蔽工程验收记录；防水材料出厂合格证、质量检验报告与现场抽样试验报告。

5 空腔结构与山体连接处和涉及结构安全和使用功能的施工，不应有影响堆山山体安全和稳定性的尺寸偏差。

检查数量：全数检查。

检验方法：测量检验。

12.3.7 一般检查检验项目应符合下列要求：

1 空腔结构的外观质量不宜有一般缺陷。

检查数量：全数检查。

检验方法：观察方法。

2 空腔结构的位置和尺寸允许偏差应符合现行国家标准《混凝土结构工程施工质量验收规范》GB 50204 的有关规定。

3 空腔结构与山体连接处构造允许偏差应符合表 12.3.7 的规定。

表 12.3.7 空腔结构与山体连接处构造允许偏差

项目		允许偏差(mm)	检验方法
截面尺寸	连接构件	+5,−2	尺量
	柱、梁、板、墙	±2	
预埋件中心位置	预埋板	±2	尺量
	预埋螺栓	±2	
	预埋管	±2	
	其他	±2	
预留洞、孔中心线位置		±2	尺量

12.4 园林景观

12.4.1 施工质量验收应符合现行行业标准《园林绿化工程施工及验收规范》CJJ 82 和现行上海市工程建设规范《园林绿化工程施工质量验收标准》DG/TJ 08—701 的有关规定。

12.4.2 排水设施验收应符合现行国家标准《给排水管道工程施工及验收规范》GB 50268 的有关规定。

附录 A 几种荷载的竖向附加应力系数

A.0.1 几种简单荷载的定义见图 A.0.1 所示。

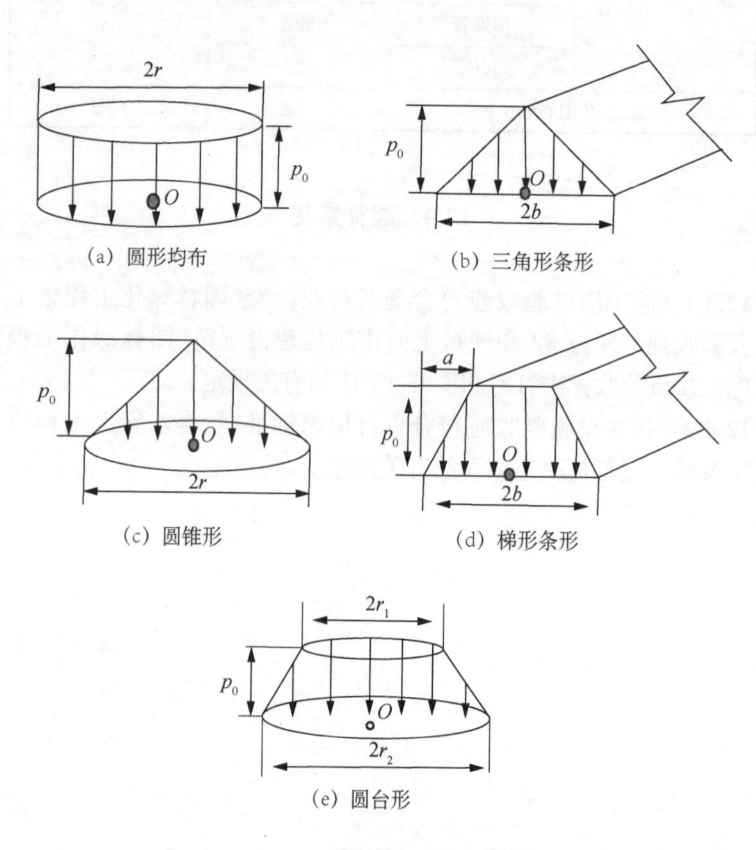

图 A.0.1 几种简单荷载示意图

A.0.2 图 A.0.1 所示几种简单荷载的中心 O 点下、深度 z 处的竖向附加应力系数 α_z 应按照式(A.0.2-1)～式(A.0.2-5)计算：

圆形均布 $$\alpha_z = 1 - \left[\frac{z/r}{\sqrt{1+(z/r)^2}}\right]^3 \tag{A.0.2-1}$$

三角形条形 $$\alpha_z = \frac{2}{\pi}\arctan\frac{z}{b} \tag{A.0.2-2}$$

圆锥形 $$\alpha_z = 1 - \frac{z}{\sqrt{r^2+z^2}} \tag{A.0.2-3}$$

梯形条形 $$\alpha_z = \frac{2}{\pi}\left[\frac{b}{a}\cdot\arctan\frac{z}{b} - \left(\frac{b}{a}-1\right)\arctan\frac{z}{b-a}\right] \tag{A.0.2-4}$$

圆台形 $$\alpha_z = 1 + \frac{1}{r_2 - r_1}\left(\frac{zr_1}{\sqrt{r_1^2+z^2}} - \frac{zr_2}{\sqrt{r_2^2+z^2}}\right) \tag{A.0.2-5}$$

A.0.3 图 A.0.1(b)所示三角形条形荷载下，与荷载中心的水平距离为 x、深度 z 处的竖向附加应力系数 α_z 应按照下式计算：

$$\alpha_z = \frac{1}{\pi}\left[(n+1)\left(\arctan\frac{n+1}{m} - \arctan\frac{n}{m}\right) + (1-n)\left(\arctan\frac{1-n}{m} - \arctan\frac{-n}{m}\right)\right] \tag{A.0.3}$$

$$n = \frac{x}{b}$$

$$m = \frac{z}{b}$$

A.0.4 图 A.0.1(c)所示圆锥形荷载下，与荷载中心的水平距离为 x、深度 z 处的竖向附加应力系数 α_z 应按照图 A.0.4 确定。

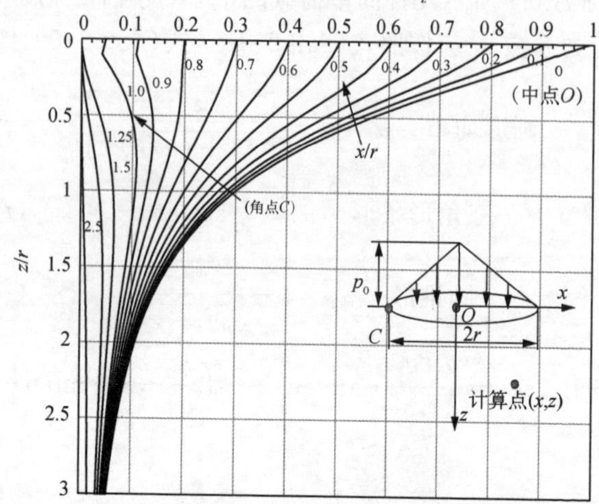

图 A.0.4 圆锥形荷载下任意位置处的竖向附加应力系数

A.0.5 图 A.0.1(d)所示梯形条形荷载下，与荷载中心的水平距离为 x、深度 z 处竖向附加应力系数 α_z 应按照下式计算：

$$\alpha_z=\frac{1}{\pi(1-l)}\left[(n+1)\left(\arctan\frac{n+1}{m}-\arctan\frac{n}{m}\right)+(1-n)\left(\arctan\frac{1-n}{m}-\arctan\frac{-n}{m}\right)\right]-\frac{1}{\pi(1-l)}\left[(n+l)\left(\arctan\frac{n+l}{m}-\arctan\frac{n}{m}\right)+(l-n)\left(\arctan\frac{l-n}{m}-\arctan\frac{-n}{m}\right)\right] \quad (A.0.5)$$

$$n=\frac{x}{b}$$

$$m=\frac{z}{b}$$

$$l=1-\frac{a}{b}$$

本标准用词说明

1 为便于在执行本标准条文时区别对待，对要求严格程度不同的用词说明如下：

1）表示很严格，非这样做不可的用词：

正面词采用“必须”；

反面词采用“严禁”。

2）表示严格，在正常情况下均应这样做的用词：

正面词采用“应”；

反面词采用“不应”或“不得”。

3）表示允许稍有选择，在条件许可时首先应这样做的用词：

正面词采用“宜”；

反面词用采用“不宜”。

4）表示有选择，在一定条件下可以这样做的用词，采用“可”。

2 条文中指明应按其他有关标准执行的写法为“应符合……的规定”或“应按……执行。”

引用标准名录

1 《固体废物浸出毒性测定方法》GB/T 15555
2 《水泥基渗透结晶型防水材料》GB 18445
3 《聚氨酯防水涂料》GB/T 19250
4 《无机防水堵漏材料》GB 23440
5 《自粘聚合物改性沥青防水卷材》GB 23441
6 《聚合物水泥防水涂料》GB/T 23445
7 《预铺防水卷材》GB/T 23457
8 《建筑地基基础设计规范》GB 50007
9 《建筑结构荷载规范》GB 50009
10 《混凝土结构设计规范》GB 50010
11 《建筑抗震设计规范》GB 50011
12 《钢结构设计标准》GB 50017
13 《地下工程防水技术规范》GB 50108
14 《工程结构可靠性设计统一标准》GB 50153
15 《混凝土质量控制标准》GB 50164
16 《建筑地基基础工程施工质量验收标准》GB 50202
17 《混凝土结构工程施工质量验收规范》GB 50204
18 《钢结构工程施工质量验收规范》GB 50205
19 《人民防空工程设计规范》GB 50225
20 《给排水管道工程施工及验收规范》GB 50268
21 《土工合成材料应用技术规范》GB/T 50290
22 《建筑工程施工质量验收统一标准》GB 50300
23 《建筑边坡工程技术规范》GB 50330
24 《混凝土结构耐久性设计标准》GB/T 50476

25 《混凝土结构工程施工规范》GB 50666
26 《钢结构工程施工规范》GB 50755
27 《钢-混凝土组合结构施工规范》GB 50901
28 《公园设计规范》GB 51192
29 《高填方地基技术规范》GB 51254
30 《地下结构抗震设计标准》GB/T 51336
31 《不锈钢结构技术规程》CECS 410
33 《绿化种植土壤》CJ/T 340
34 《城市地下管线探测技术规程》CJJ 61
35 《园林绿化工程施工及验收规范》CJJ 82
36 《建筑垃圾处理技术标准》CJJ/T 134
37 《气泡混合轻质土填筑工程技术规程》GJJ/T 177
38 《种植屋面用耐根穿刺防水卷材》JC/T 1075
39 《非固化橡胶沥青防水涂料》JC/T 2428
40 《建筑变形量测规范》JGJ 8
41 《建筑地基处理技术规范》JGJ 79
42 《公路工程技术标准》JTG B01
43 《公路工程地质勘察规范》JTG C20
44 《公路路基设计规范》JTG D30
45 《公路软土地基路堤设计与施工技术细则》JTG/T D31—02
46 《公路路基施工技术规范》JTG F10
47 《公路土工合成材料应用技术规范》JTG/T D32
48 《铁路特殊路基设计规范》TB 10035
49 《地质灾害危险性评估技术规程》DGJ 08—2007
50 《建筑抗震设计规程》DGJ 08—9
51 《地基基础设计标准》DGJ 08—11
52 《岩土工程勘察规范》DGJ 08—37
53 《地基处理技术规范》DG/TJ 08—40

54 《岩土工程勘察文件编制深度规定》DG/TJ 08—72
55 《园林绿化工程施工质量验收标准》DG/TJ 08—701
56 《基坑工程施工监测规程》DG/TJ 08—2001
57 《再生骨料混凝土应用技术规程》DG/TJ 08—2018
58 《道路隧道设计标准》DG/TJ 08—203

上海市工程建设规范

人造山工程技术标准

DG/TJ 08—2358—2021
J 15743—2021

条 文 说 明

2021 上海

目　次

Contents

3 基本规定

3.0.1 人造山体勘察常常涉及其他建(构)筑物,应综合考虑确定勘察方案,避免浪费。

3.0.2 专项环境调查主要指场地和周边地上、地下建(构)筑物、地下重要管线等调查,不含土壤和地下水等污染调查。

3.0.3 人造山荷载较大,对重要地下设施如地下人防、轨交线路、重要地下管线等将产生一定影响,因此宜在选址上进行避让,降低山体地基处理难度和费用。

3.0.5 人造山工程是绿地建设项目的子项工程,应同绿化工程同步设计。

3.0.6 人造山工程建设造价在整体绿地工程建设造价中占比较高。在设计前期应明确山体主体工程的建设方案。

3.0.7 分层填筑和压实可确保填筑体的强度,提高山体稳定性,减少填筑体的压缩变形,减少山体高度变化。山体填筑材料应满足山体使用功能要求,符合因地制宜、经济节能、绿色环保的使用要求。

3.0.9 人造山破坏后可能造成的破坏后果严重性,可从危及人的生命、造成经济损失和产生社会不良影响等方面综合考虑。“山体下部及周边有重要管线、构(建)筑物或周边环境对山体有变形要求”中,“周边”是指山体滑坡影响范围内。

4　岩土工程勘察

4.1　一般规定

4.1.3　考虑人造山安全等级影响因素较多，人造山工程建(构)筑物等级划分基于山体高度和地基处理方案，考虑上海软土特点，综合确定山体高度大于等于 8 m 宜为一级。

4.1.5

2　这里所指的原位测试孔数不包括为查明暗浜(塘)填土性质的静力触探孔等原位测试孔。

4.2　勘察工作量

4.2.1　主要考虑大面积堆土影响范围较大，孔深进入中低压缩性土层，如下部还有软塑黏性土分布，宜穿透软塑黏性土，以满足设计估算沉降量要求。

4.2.2　初勘阶段宜布置控制性勘探孔，以满足设计边坡形态方案调整的要求。明(浜)塘、暗浜(塘)换填的地基处理费用相对较大，为使初步设计阶段造价较准确估算提供依据，宜在初勘阶段查明；布置一定数量的静力触探，主要用来评价暗浜(塘)填土性质。

4.2.3

1　根据类似堆土工程的变形观测资料及相关研究成果，大面积堆土的平面影响范围与堆土高度密切相关，且在外围 2 倍～3 倍的堆土高度范围内影响较为显著。因此，规定勘察的平面范围宜扩展到堆土区外围 2 倍~3 倍堆土高度。人造山体地形平缓时,取小值;反之,取大值。软土厚度较大时,取大值;反之,取小值。边坡形态及地基土层对边坡稳定性影响较大,设计一般选择代表性形态的边坡及代表性的土层分布情况进行稳定验算。

2 勘探孔孔距主要考虑满足地基处理方案要求。如设计方案明确采取空腔结构填筑,堆土高度宜根据荷载换算堆土高度;场地土层变化较大且影响设计时,宜取小值。

4.2.4

2 一般性孔深主要满足地基处理不同类型桩长或塑料排水板(带)长度等的要求;当第⑤层为流塑时,孔深可取进入第⑤层不少于 5 m。

3 当堆土高度大于 8 m 时,勘探孔宜进入中低压缩性土层不少于 1 m;考虑设计可能采用刚性桩方案,控制性孔勘探孔宜进入深部中密或密实粉土或砂土不少于 1 m,如下部还有软塑黏性土分布,宜穿透软塑黏性土;勘探孔深度也可参照现行上海市工程建设规范《岩土工程勘察规范》DGJ 08—37 的有关规定。

4.2.6

1 土的抗剪强度试验应与施工工况相对应。当施工速度较快时,按不利工况考虑,需采用直接快剪试验强度指标。

5 在进行稳定性验算时,需要填筑土体的强度指标,对试样饱和后进行固结快剪和直接快剪试验。考虑到当人造山体附近一般有需要开挖的湖体时,土方一般加以利用,针对浅部开挖深度范围内的土层布置击实试验和 CBR 试验。

4.2.8 填筑材料专项勘察应根据设计要求,对拟用填筑材料安排击实试验、CBR 试验和设计要求的压实度下填筑材料的饱和固结快剪和直接快剪试验等。也可根据其他特殊需要或专题服务需要,开展专项勘察服务。

4.2.9 空腔结构勘察需考虑周边覆土对空腔结构的影响,验算空腔结构与周边覆土区差异沉降,为达到空腔结构与周边覆土区变形协调,设计可能采取的地基处理措施,勘察应满足沉降验算、地基处理的要求。

4.2.10 人造山体上的小型建筑物主要指山体上的亭子间、厕所和小卖部等。这些小型建筑物一般利用人造山体的人工填土作为地基持力层,通过施工检测确认人工填土能满足小型建筑物的持力层要求,可不单独实施勘察。小型建筑物按堆土荷载考虑,该区域勘察工作量布置时,应考虑差异沉降是否满足要求以及可能采取的地基处理措施。

4.3 勘察成果文件

4.3.1 规定了勘察报告应包含的内容;考虑到现有规范、标准对勘察报告内容有明确规定,后续条款重点针对人造山特点进行规定。

4.3.2 软土、浜(塘)、地下障碍物对人造山体设计、施工影响较大,故勘察报告须进行详细的分析评价。

4.3.3 人造山体稳定性和沉降量是分析评价重点,应结合场地土层条件、山体分布特点进行分析评价,并提出合理的地基处理方案和施工建议。应重视人造山体对场地内建(构)筑物及周围环境的影响评价,对场地内建(构)筑物影响的评价重点是桩基的负摩阻力对周围环境的影响评价应重视对地铁隧道、地下管道等建(构)筑物的影响评价,如 17 号线某区间隧道穿越堆土高度小于 2 m 的新路边景观,隧道沉降和变形明显增大。

4.4 环境调查

4.4.1 人造山环境调查范围与人造山体地基沉降影响范围、山体稳定影响范围及周边环境保护要求等因素密切相关,应根据项目具体情况确定。

可行性研究阶段，为便于人造山环境调查的实施，综合相关规范及工程经验，建议环境调查的范围不宜小于5倍人造山体高度；设计阶段，应根据相关沉降计算及稳定性计算结果，综合确定环境调查范围。

1 相关规范对调查评估范围的规定

现行上海市工程建设规范《地质灾害危险性评估技术规程》DGJ 08—2007规定："建设项目地质灾害危险性评估区范围，应根据建设项目特点、地质环境条件、地质灾害种类以及各灾种影响范围综合确定，且不小于建设用地边界线外200 m""地面沉降评估范围应根据区域地面沉降发育位置、可能产生地面沉降的影响范围等综合确定"。

现行行业标准《公路工程地质勘察规范》JTG C20规定："应沿拟定的线位及其两侧的带状范围进行1∶2 000工程地质调绘，调绘宽度不宜小于两倍路基宽度"。

2 工程经验

根据上海地区高填方工程经验，堆土高度5倍以外地表沉降几乎不受高填方工程影响。但若高填方边坡稳定性不满足要求，一旦发生失稳破坏，其影响范围甚至可能达到10倍堆土高度。

因此，建议可行性研究阶段环境调查范围不宜小于5倍人造山体高度。

4.4.3 人造山环境调查应根据调查对象类型及调查重点选取合适的调查方法。

1 不同调查对象的调查要求

建（构）筑物应重点调查建（构）筑物的平面图、上部结构形式、地基基础形式与埋深、持力层性质，基坑支护、桩基或地基处理设计、施工参数，建（构）筑物的沉降观测资料等。

地下构筑物及人防工程应重点调查工程的平面图、结构形式、顶板和底板标高、工程施工方法以及使用、充水情况等。

地下管线应重点调查管线的类型、平面位置、埋深（或高程）、铺设方式、材质、管节长度、接口形式、介质类型、工作压力、节门位置等。

既有城市轨道交通线路与铁路应调查下列内容:①地下结构调查应包括结构的平面图、剖面图,地基基础形式与埋深,隧道断面形式与尺寸、支护形式与参数,施工方法;②高架线路调查应包括桥梁的结构形式、墩台跨度与荷载、基础桩桩位、桩长、桩径等;③地面线路调查应包括路基的类型、结构形式、道床类型,涵洞与支挡结构形式以及地基基础形式与埋深。

城市道路及高速公路应重点调查下列内容:①路基调查应包括道路的等级、路面材料、路堤高度,支挡结构形式及地基基础形式与埋深;②桥涵调查应包括桥涵的类型、结构形式、基础形式、跨度,桩基或地基加固设计、施工参数等。

水工构筑物应重点调查构筑物的类型、结构形式、地基基础形式与埋深、使用现状等。

架空线缆应重点调查架空线缆的类型、走廊宽度、线塔地基基础形式与埋深、线缆与轨道交通线路的交汇点坐标、悬高等。

2 环境调查方法

对于建筑物,可通过调研、现场查看、资料收集、检测等多种手段全面掌握建筑物的现状。对于优秀历史建筑,一般建造年代较远,保护要求较高,原设计图纸等资料也可能不齐全,有时需要通过专门的房屋质量检测,对结构的安全性作出综合评价,从而为其保护提供依据。对于隧道、共同沟、防汛墙等构筑物,除了要查明其状况外,尚应与相关的主管部门沟通,掌握其保护要求。管线调查十分复杂、困难,宜由管线管理单位提供基础资料(图纸)再查;对于采用非开挖技术埋设的管线以及资料不全的老管线,可按现行行业标准《城市地下管线探测技术规程》CJJ 61 的有关规定,进行必要的地下管线探测工作。

5 景观设计

5.1 一般规定

5.1.2 为绿地营造背风向阳的休憩环境。

5.1.5 乔、灌、草结合近自然林的植物群落，可有效发挥城市绿地的生态效益。

5.1.6 营造山体自然景观，可让市民在城市环境中感受自然山林景观。

5.1.7 山体南坡有利于喜阳开花植物的生长，有利于为游人提供背风向阳的活动空间。

5.1.8 登山游览是人造山主要活动功能需求。其他活动内容应根据公园绿地的规划合理布置，如布置山地自行车、滑草、滑板运动、钢管滑车等。

5.1.9 农田土具有良好的土壤结构和有利于植物生长的腐殖质等营养成分。主要为深度在 0.5 m～0.8 m 范围内的表层土壤。

5.2 地　形

5.2.1 常见山体形态有单一锥体型、锥体组合型、断崖型、C 字型和多脊多谷型等，如图 1 所示。

5.2.3 景观设计专业应根据山体不同区域的乔、灌、草分布位置，明确不同区域的土层厚度，为山体填筑或构筑明确高程。

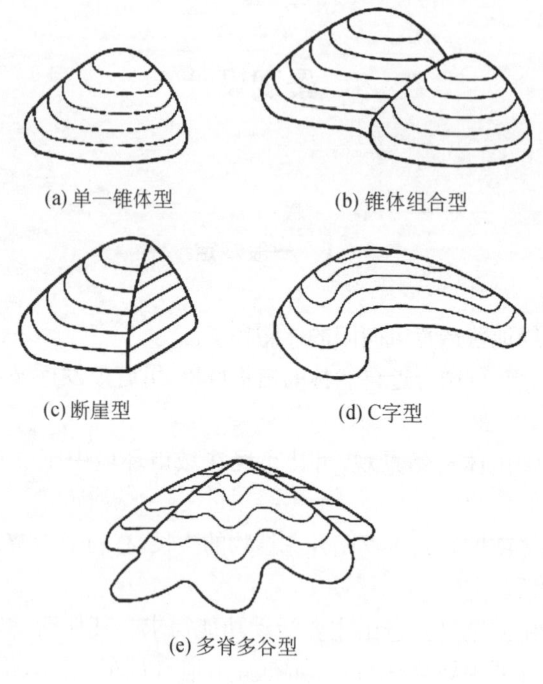

图1　常见山体形态图

5.2.4　人造山种植土完成后至边坡绿化防护发挥作用之前的这段时间内，边坡容易被冲刷，应采取有效措施减少冲刷。首先，山体表面的耕植土，应避免采用易被冲刷的粉性土和砂性土。其次，应结合绿化设计，在耕植土表面覆盖一层树皮等覆盖物，一方面可以减少冲刷，另一方面树皮腐烂后可增加耕植土肥力。在山体工可和初步设计阶段，应有这段时间的防护方案和费用；施工图阶段，应有详细的防护设计。

5.2.6　通过山坡表面的微地形设计，有组织地进行排水设计，可有效防止表层土壤随雨水冲刷流失。

5.3 种 植

5.3.2 人造山的植物分布通过模拟自然，在山顶或山脊种植乔木、山腰种植灌木、山麓种植小灌木和山脚种植地被的形式，形成有利于观赏的坡地植被景观。

5.3.4 小灌木密植可有效防止土壤被雨水冲刷，造成流失。

5.3.5 园路高坡一侧草本植物可有效地防止坡地表土被雨水冲刷至路面。

5.3.6 草坪和地被植物紧贴地面种植，如果按平面投影面积计算，会产生工程量误差。

5.4 园路、休息平台、洞穴

5.4.1 人造山表面建设园路和硬质地坪的区域的地基应压实，不应同种植区域土壤相同处理，防止造成压实不足、路面开裂。

5.4.3 公园主园路应服务于所有游人，方便残障人士通行。

5.4.4 平整面层的路面指机制花岗石路面，毛面路面指自然石板路面。

5.4.5 方便老年人登山游览。

5.4.6 平台设于回填土上，控制面积，可减小因不均匀沉降造成的平台开裂。

5.6 假山、驳石、置石

5.6.1 假山的叠筑或塑造是山体景观的有机部分，应注重景观整体性。

5.7 瀑布、溪流、天池

5.7.2 设置防水层可有效防止山体表面的水体渗漏。布置湿地植物,可形成自然的水岸景观,同时有利于水质净化。

5.7.3 山谷中的天池可通过雨水补充水量。

5.8 园林建筑、园林建筑小品

5.8.1 园林建筑宜设于山体南坡,可充分利用山体营造的小气候环境。

5.9 给排水

5.9.1 近园路布置的设施便于维修养护。

5.9.3 排水设计应充分利用自然坡地、山谷、园路一侧的明沟和支挡结构一侧的明沟,将其进行连接,形成有组织的排水体系。

5.9.4 人造山体在建成的相当长时间内有沉降,对山体下的管网设施可能造成破坏。

5.10 电 气

5.10.4 在具有安全隐患的断崖、高支挡结构的上口,可设点状的灯光带,以警示夜间游人,防止坠落。

6 山体地基设计

6.1 一般规定

6.1.1 山体荷载作用下的地基稳定（尤其是软土地基）关系人造山工程的安全性，是人造山工程地基设计最重要的一项内容。属于大面积堆载的人造山工程，软土地基变形较大，对周围环境设施（地下管线、地下构筑物、地表建筑等）的影响在设计中也需要考虑。另外，人造山体还具有绿化等美化环境方面的功能，故地基设计上也要综合考虑山体水土环境和绿化功能等方面的要求，体现人造山工程地基设计与功能设计统一协调的理念。

6.1.2 山体地基稳定性和变形控制标准与安全等级有关。气候、地形、水文和地质条件对设计参数的取值以及地基处理的方式有直接影响。山体地基的变形和稳定性与山体的几何形态、规模（高度和面积）有直接的关系，面积大、坡度陡的山体的安全性较低、变形较大。建设工期也是决定山体地基处理方法的一个重要因素。山体填筑改变了原有地形以及水土环境，一些设计条件也会发生变化，如地下水位的变化。二次利用的建筑垃圾作为人造山体的填筑材料的应用也日趋普遍，其水土环境影响评估和控制也不可忽视，应满足相关规定。

6.1.3 地基处理方法种类较多，为了便于设计确定方案，结合上海地区地质条件对常用的地基处理方法进行了分类，表 1 中给出了这几类地基处理方法的原理和特征。设计时，可依据施工工期、地质条件以及变形控制标准选用合适的山体地基处理方法。

表 1　地基处理方法及特征

地基处理方法		原理与特征
排水固结法		利用天然地基的排水性能，或者在地基中设置竖向排水体加速排水，通过排水固结来提高土体强度以及地基稳定性。通常情况下，地基的变形较大
浅层处理法		通过浅层处理形成硬壳层，提高地基稳定性以及山体的填筑高度。可在一定程度上控制浅层侧向变形，对地基竖向变形的控制有限，地基变形较大
复合地基法	柔性桩复合地基	桩土共同承担荷载，可通过调整置换率和桩土应力比控制地基侧向变形和竖向变形，提高地基的稳定性。也可作为抗滑措施提高地基稳定性
	刚性桩复合地基	刚性桩分担大部分荷载，地基变形为桩基持力层的压缩，能够大幅度减小地基的变形、提高地基稳定性。工程造价较高

复合地基是软土地区常用的一类地基处理方法。除了碎(砂)石桩、水泥土搅拌桩、旋喷桩等柔性桩复合地基外，为了控制高大山体的变形和稳定性，近些年来预应力高强混凝土管桩(PHC)、预制钢筋混凝土方桩、钻孔灌注桩等刚性桩复合地基在山体地基设计中也大量应用。刚性桩复合地基与柔性桩复合地基在加固机理、处理效果和工程造价方面均存在较大的差异，因此将这两类复合地基区分开来。

人造山工程属于大面积堆载，单一山体不同位置的设计条件和主要工程问题可能会有较大的变化。因此，在同一山体的不同位置也可根据设计条件和各类地基处理方法的特点，采用不同的地基处理方法。

6.1.4　考虑到规模较大的山体的地基处理费用一般较大，规定了地基设计分阶段进行，并应重视现场试验，以保障地基处理方法的合理性和经济性。

6.1.6　工程简化分析方法大多针对的是平面问题或者简单的轴对称问题，不能完全满足空间效应明显的形态复杂的山体的设计，也不能方便的考虑现场复杂的边界条件和施工工况。因此，为了保证形态复杂、地质条件复杂、施工工况复杂的一级山体的地基设计的合理性，规定应结合有限元法等可靠的数值分析方法进行地基设计。希望能够在数值分析应用方面不断总结经验，逐步解决高大、复杂山体软土地基计算分析中的一些问题。

山体荷载影响范围内的地基会产生竖向变形和侧向变形。侧向变形是造成山体周边地下煤气管、供水管、电缆、通信管线和临近建(构)筑物产生变形的一个重要因素。由于目前缺乏简便、可靠的地基侧向变形计算方法，因此规定在进行环境变形影响评估时宜采用数值分析方法。

6.2 变形计算

6.2.1 人造山工程地基变形兼有边坡工程和建筑工程的特点，既有显著的竖向变形，也有显著的侧向变形；前者与山体的高度和面积有关，后者与山体的坡度及地基稳定性有关。因此，山体地基的变形计算既包括通常所指的地基沉降计算，一些情况下也需要进行地基侧向变形的计算。从变形机理上讲，软土地基的变形包括瞬时变形(不排水剪切)、固结变形(排水压缩)和次压缩变形(流变)。一般情况下，施工期间瞬时变形突出一些，使用期固结变形占主要部分，长期变形与次压缩有关。本条按照三种情况分类，给出了山体地基的变形计算内容和控制标准。

无特别说明情况下，山体地基沉降均特指山体地基表面的竖向变形。山体地基沉降的最大位置一般在山体中心。软土地基的总沉降包括固结沉降、瞬时沉降和次压缩沉降，其中固结沉降占主要部分。工后沉降 s_p 为地基最终沉降 s_f 减去施工结束时对应的沉降 $s(t_p)$，其中 t_p 为施工结束时对应的时间。在周边环境无变形要求情况下，采用工后沉降 s_p 作为地基变形控制指标。

在周边环境有变形要求时，应计算山体荷载影响范围内任意位置的地基竖向变形和地基侧向变形。周边环境设施[包括地下煤气管、供水管、电缆、通信管线和临近建(构)筑物]的变形控制值,主管或权属单位无明确要求时,可参照现行上海市工程建设规范《基坑工程施工监测规程》DG/TJ 08—2001 中的周围环境安全报警值。刚性供水、燃气管线位移不应大于 10 mm～30 mm,柔性电缆、通信管线位移不应大于 10 mm～40 mm,临近建(构)筑物位移不应大于 20 mm～60 mm,倾斜率不应大于 0.002。

6.2.2 分层总和法是计算地基沉降的一种简化分析方法,该方法只能分析地基沉降,无法分析地基侧向变形。数值分析法可以考虑复杂的施工工况和边界条件,同时给出各阶段的地基竖向变形和侧向变形。监测数据推测法是基于已有的沉降监测数据,采用合适的方法推测最终沉降和工后沉降。应根据地基变形设计计算要求以及人造山体工程的复杂性,确定合适的分析方法。同一工程中,也可以同时采用这几种方法进行计算分析,相互验证。

6.2.3 数值分析方法有不排水分析、固结分析和排水分析三种。对于软黏土,快速堆载下的变形可采用不排水分析,即不考虑土体的固结,这种情况下以瞬时变形为主,有较大的侧向变形;排水分析可以给出地基的最终变形和最终沉降,即土体完全固结后的变形,有较大的沉降;山体施工期以及使用期任意时刻的地基变形分析需要采用固结分析,考虑地基土的渗透特性对固结速率的影响以及土体强度随排水固结的增长。

通常,可采用应用范围较广的摩尔-库伦模型、邓肯-张模型和修正剑桥模型,这些本构模型的参数均可以通过常规的土工试验获得;也可采用计算精度较高的复杂本构模型,如小应变硬化模型。每种本构模型均有其适用的范围和条件,变形分析中应重视本构模型中变形参数的取值,如剪切模量、变形模量和压缩指数等。

6.2.4 软土地基的总沉降包括固结沉降、瞬时沉降和次压缩沉降,其中固结沉降占主要部分,通过对固结沉降修正获得总沉降是一种简单的沉降计算方法。本条给出了地基固结沉降的两种计算方法,

一种是 $e \sim p$ 曲线法，一种是压缩模量法。天然地基和排水固结地基通常采用 e-p 曲线法，复合地基通常采用压缩模量法。

由于山体地基沉降所积累的资料有限，这里参照了现行上海市工程建设规范《地基处理技术规范》DG/TJ 08—40 中预压法的沉降修正系数进行取值，设计人员也可结合经验或者现场试验确定该沉降经验系数。由于山体荷载的形态、大小与分布范围均与建筑荷载有较大的差异，设计人员在参考建筑地基基础规范的沉降经验系数时应当慎重。关于人造山工程地基沉降经验系数的合理取值还需要进一步积累经验。

6.2.5 根据上海地区地质条件，山体地基的竖向附加应力影响深度较大，可能会影响到深部的砂土和粉土。深部的砂土和粉土在低附加应力下的变形较小，因此这里结合工程经验对深部砂土和粉土的压缩层深度的确定作了不同的规定。

6.2.6～6.2.8 确定竖向附加应力是分层总和法计算地基沉降的一个重要工作。中点竖向附加应力系数用于计算山体地基中点沉降；在考虑相邻荷载(山体)的影响时，则需要采用任意位置处的竖向附加应力系数。竖向附加应力系数与荷载形态有关，本标准附录 A 中给出了一些形态简单荷载的竖向附加应力系数，便于设计采用。

对于形态复杂的难以直接采用本标准附录 A 求解的山体，一种方法是将之分解为附录 A 所示的简单荷载，按照土力学中的叠加法计算；另外一种方法是将山体荷载分解为若干竖向集中荷载，采用集中荷载作用下的布氏解[即式(6.2.8)]叠加计算，计算工作量较大。如采用数值法分析地基变形，则不需要再单独计算竖向附加应力。

6.3 稳定性计算

6.3.1 施工期和使用期不同工况下的荷载、岩土参数、地下水位、地基土固结度等设计条件不同，故规定应进行不同工况下的山体地基稳定分析。地基稳定性分析的代表性部位应同时考虑地质条件、边坡形态和周围环境三方面的因素，条文中给出了一些易产生地基整体失稳的典型情况。受空间效应的影响，外凸边坡的稳定性要小于平直边坡的稳定性，故外凸之处作为代表性位置之一。

6.3.2 滑动面形态的确定应充分考虑地质条件。这里给出了软土地区人造山工程地基整体失稳最可能产生的两种形式——圆弧滑动和直线侧向滑动。受山体形态的影响，滑动面和地基稳定性也具有空间效应，故山体地基稳定性分析还应充分考虑山体几何形态，根据山体形态确定合适的分析方法。工程中常用的圆弧滑动条分法仅适用于可简化为平面应变问题的边坡，理论上不能考虑三维空间效应。因此，对于具有复杂三维形态的不能简化为平面问题的山体，地基稳定性分析具有一定的难度。有研究表明，外凸形边坡的稳定性要略低于平直边坡的稳定性，而内凹形边坡的稳定性要略高于平直边坡的稳定性，但这方面的研究并不完善。

由于目前还未建立圆弧滑动条分法安全系数与各种类型三维边坡真实安全系数之间的关系，因此规定对空间效应显著的形态复杂的三维山体，应采用基于强度折减法的三维数值分析方法。强度折减法的基本原理是逐步减小强度参数值，直至计算不能收敛，以此获得破坏面的位置以及安全系数，具体实现方法可参阅所采用的数值分析软件。尽管基于数值分析方法的三维边坡稳定性分析理论与计算方法并不完善，但这种方法可以考虑复杂的山体形态和边界条件、破坏面的复杂形态以及软黏土强度增长，希望能够结合工程实践提高这种方法的应用水平。基于强度折减法的三维数值分析方法通常采用摩尔-库伦模型，强度参数的选取对分析结果有重要的影响。因此，强度参数的选取应与分析采用的方法（总应力法和有效应力法）以及实际排水条件固结状态相一致。软黏土的强度参数通常采用总强度 s_u（即 $\varphi=0$ 法）和有效强度参数(即有效内聚力和有效内摩擦角),前者适用于总应力法分析,后者适用于有效应力法分析;饱和砂土则通常采用有效强度参数。

拟建山体附近有地质条件基本相同的边坡或者有可类比的可靠经验,也可以采用工程类比法分析山体地基稳定性。

坡度大于1∶0.35的陡峭山体地基还可能会产生与刚性基础地基失稳相近的破坏模式。因此,规定除了进行圆弧滑动整体稳定性分析之外,还应参照相关规范进行地基承载力验算。

6.3.3 规定了地基稳定分析的三种工况。三种工况对应的计算参数以及最小安全系数各不相同。暴雨工况需考虑暴雨浸润和地下水位上升对岩土强度的影响,可采用饱水试件的直接快剪和三轴不排水剪强度。暴雨+地震工况下还需考虑地震荷载作用。地震作用可参照现行上海市工程建设规范《地基基础设计标准》DGJ 08—11 中关于边坡地震荷载的有关规定,仅考虑水平向地震力,地震作用系数为0.025。

表6.3.3给出的最小安全系数来自边坡工程经验。人造山大多为轴对称形态或更为复杂的形态,其合理的最小安全系数的取值还需要进一步研究。

6.3.5 软弱夹层的侧向滑动分析采用的是极限平衡法,其中滑动面为沿着软弱夹层延伸的直线,需要迭代计算滑动面的长度 L 以及最小安全系数。具体分析的步骤为:①假定 b 点和 d 点;②计算被动土压力和主动土压力;③计算稳定性安全系数 F_s;④改变 b 点和 d 点位置,搜索出最危险滑动面位置及最小安全系数。

6.3.7 地基稳定性分析中岩土参数应采用与施工状态相似条件下的试验参数,这些条件包括含水率、固结度、应力水平、排水条件、压实度等。对于填料的强度参数,理论上宜考虑分级堆筑下固结作用,采用原状土样直接固结快剪和三轴固结不排水剪参数。但是,由于施工中填料的固结过程受多种因素影响,具有显著的不确定性,因此参考现行国家标准《高填方地基技术规范》

GB 51254的有关规定，从安全的角度推荐采用直接快剪和三轴不排水剪强度参数，试验土样的含水率为击实曲线上施工压实度所对应的含水率。另外，在地下水位以下或因地下水上升、毛细水上升、暴雨浸润等条件下的填料应考虑土体饱和度对强度的影响，采用饱水试件的直接快剪和三轴不排水剪强度参数是一种简单而保守的方法。

6.4 排水固结

6.4.2 根据上海采用排水固结处理的已建高速公路分析，设置竖向排水体的桥头路基，竣工 5 年后的工后沉降超出预期，土体在完成主固结沉降后，仍持续发生次固结变形。人造山的高度往往比高速公路路基高，填筑范围更大，应充分认识次固结变形对山体的影响。

6.4.3 上海地区软黏土的夹薄层粉砂的构造能够在一定程度上提高土体的水平向渗透系数，在山体填筑过程中能加速土体固结。因此，在施工工期允许情况下也可采用天然地基。但为了确保孔隙水的排出，应重视地表水平向排水垫层的设计。

当山体填筑工期较短、地基土固结度不能满足要求时，则需设置竖向排水体加快地基固结速度。竖向排水体可采用袋装砂井和塑料排水板(带)，排水垫层可采用砂或碎石垫层，竖向排水体和排水垫层应连通，构成有效的排水系统。

排水固结法中地基通常会产生较大的沉降，设计中应该重视地基变形对排水系统性能的影响，排水垫层基础应设置 2%～4% 的土拱，垫层厚度宜不小于 0.5 m。

6.4.4 地基固结度分析是排水固结法设计的一项重要内容。地基固结度分析包括某一位置的固结度和地基平均固结度。天然地基可仅考虑竖向固结，设置竖向排水体地基需同时考虑竖向固结和径向固结，并考虑涂抹和井阻作用对径向固结的影响。

固结度的计算按现行上海市工程建设规范《地基处理技术规范》DG/TJ 08—40 中“预压法”的有关规定进行。固结度计算的可靠性与计算参数的取值有关，尤其是固结系数。与室内试验结果相比，根据现场监测数据采用合适的方法反分析得到的固结度计算参数更为可靠。

6.4.5 现行上海市工程建设规范《地基处理技术规范》DG/TJ 08—40的堆载预压法中给出了软黏土强度增长的计算方法。强度增长计算中采用的是计算点处的固结度，而不是地基平均固结度。现行上海市工程建设规范《地基处理技术规范》DG/TJ 08—40 关于真空预压法的条文中，给出了某一点固结度的计算方法。为了简化计算滑动面上任意一点固结度的计算工作量，也可采用地基平均固结度来替代。一般情况下，地基固结度随深度的增加而减小，因此采用平均固结度的强度增长计算结果偏于保守，一般能够满足工程需要。

6.4.7 考虑到理论简化分析方法的局限性，为了及时、客观评价地基的固结状态和稳定性，降低地基失稳风险，应充分利用变形和孔压监测数据分析山体填筑施工过程中地基的固结状态和稳定性，作为动态调整山体填筑施工进程的依据。

6.5 浅层处理

6.5.1 加筋垫层法通过加筋体的抗拉作用来提高地基稳定性，调整地基不均匀沉降。换填法是挖除软弱土层，替换以承载力更高的压实垫层，主要应用于处理深度不大于 3.0 m 的软弱土层。固化法是通过注入或拌入水泥等固化剂在表层形成承载力较高的硬壳层，从而改善地基的稳定性。固化法具有工程废弃土的零排运、减少砂石用量、无需开挖工作及施工速度快的优点，尤其适用于软弱土、鱼塘、池塘、河道、明暗浜等需清淤区域和江河滩涂、围海造陆吹填土区域的浅层处理。

6.5.3 上海市地方规范未给出关于加筋垫层的设计计算方法。考虑到人造山工程与路堤工程的相似性，加筋垫层的材料选择、构造设计、筋材抗拉强度验算和抗拔稳定性验算、抗滑力矩计算等参照现行行业标准《公路土工合成材料应用技术规范》JTG/T D32 中的相关规定。

6.5.4 换填深度和换填范围可根据场地地质条件确定。换填材料以及分层压实质量控制标准可参照现行上海市工程建设规范《地基处理技术规范》DG/TJ 08—40 中的有关规定。考虑到城市建筑垃圾的处理问题，换填材料应优先采用满足环境要求的建筑垃圾。

6.5.5 由于固化施工工艺、固化剂材料与配比对设计参数影响较大，因此固化设计应该明确这些内容。固化法施工工艺有注浆法、水泥土搅拌法和强力搅拌就地固化法。注浆法和水泥土搅拌法的设计可参照现行上海市工程建设规范《地基处理技术规范》DG/TJ 08—40 中的有关规定。设计前，应进行室内配合比试验，确定选择固化剂材料、掺量以及不同龄期和配合比的强度指标。对于有经验地区，可根据经验提出配合比设计，并进行现场试验后再行推广。

6.5.6 强力搅拌就地固化法是采用强力搅拌设备将固化剂与软弱土就地搅拌固化处理，快速形成承载力较高的硬壳层。强力搅拌就地固化设备包含强力搅拌头、挖掘机、固化剂供料设备、储料设备和控制系统等，其单点处理形式为方形，区别于传统水泥搅拌桩和旋喷桩等圆形搭接形式，使得搭接更加简单，节约材料。

上海桃浦中央绿地工程，山体等高线 8 m 范围内采用该方法进行全断面固化处理，固化深度 3 m，固化剂采用 5%水泥+2%粉煤灰+1%稳定剂(质量比)，28 d 设计极限承载力为 300 kPa，经检测均能达到设计要求，荷载达到 300 kPa 时的累计沉降小于 20 mm。

后经和建设单位、检测单位协商，要求测 4 个点的极限承载力，2 号点为暗浜区域，极限承载力为 360 kPa，其余 3 点为正常土层，极限承载力均超过了 420 kPa，最大为 490 kPa。测试结果见表 2。

表 2　桃浦中央绿地工程就地固化荷载板静载试验成果

点号	试验日期	试验最大荷载(kPa)	最大沉降量(mm)	回弹率(%)	固化处理后地基极限承载力(kPa)
1	2017.07.19—2017.07.20	540	105.42	12	450
2	2017.07.19—2017.07.20	450	106.62	7.48	360
A1	2017.07.21—2017.07.22	560	94.93	12.88	490
A2	2017.07.28—2017.07.29	490	107.56	7.22	420

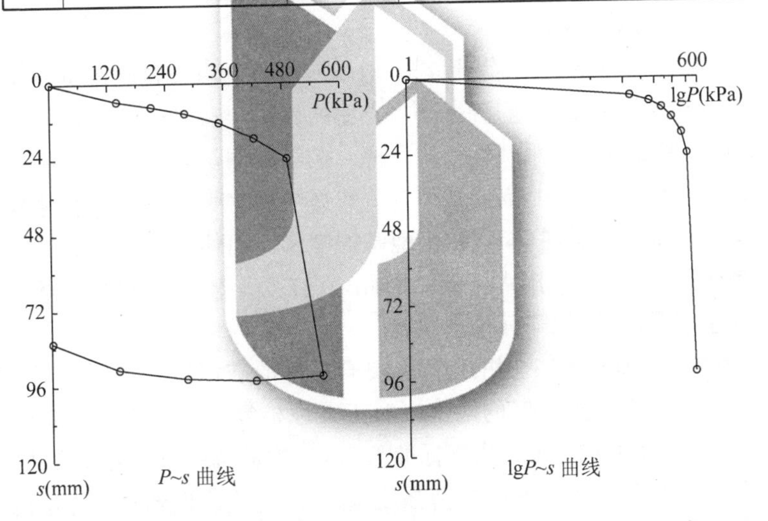

图 2　桃浦中央绿地工程 A1 号点静载 $P \sim s$ 曲线和 $\lg P \sim s$ 曲线

6.6　复合地基

6.6.1　本条主要对上海地区复合地基中常用的桩型进行了归纳。由于采用刚性桩处理的山体一般荷载比较大，在刚性桩复合地基中 PTC 薄壁管桩暂不考虑。

6.6.2 人造山体工程的规模一般较大，因此设计方案应有针对性，不同填土高度的桩径、桩长和桩间距等设计参数宜有所区分，同一山体可采用不同的设计参数。

6.6.4 根据现行行业协会标准《公路路堤刚性桩复合地基技术指南》T/CHCA 003，刚性桩复合地基的路堤主要破坏模式不是整体剪切滑动，而是桩间土先发生绕流滑动，进而引起刚性桩受弯断裂或倾斜，最终导致路基整体滑塌，故增加绕流滑动稳定性验算。桩间土发生绕流滑动，与桩间土承载力不够关系较大，山体高度较高时，在桩基施工前，应采用强力搅拌就地固化等措施，提高桩间土的承载力。

6.6.6 褥垫层对桩土荷载分担、地基变形协调以及排水起重要作用。在柔性桩复合地基设计中，合适的褥垫层有利于调整桩土应力比，保证桩间土承载性能的发挥。在以控制沉降为目的的刚性桩复合地基设计中，需要采用合适的褥垫层将大部分荷载转移到承载性能更好的桩体，以减小地基的变形。山体地基沉降会导致褥垫层下陷，造成排水不畅。因此，宜在变形较大区域适当增加褥垫层厚度，以保障其排水性能。

6.6.7 由于复杂桩土相互作用，复合地基的破坏模式和分析方法目前仍然未得到很好的解决。对于柔性桩复合地基整体稳定性分析，条文中规定可采用本标准第 6.3 节中的圆弧滑动分析方法，复合地基采用桩土复合抗剪强度 τ_{sp}。但应该认识到这种方法的局限性，实际上，桩体并非符合剪切破坏的假定，在有些情况下会得到安全系数偏大的结果，故应慎重采用。

桩土复合抗剪强度 τ_{sp} 是复合地基整体稳定性分析中的一个重要参数。根据复合地基设计原理，假定复合地基产生整体剪切破坏，桩土复合抗剪强度 τ_{sp} 可表示为

$$\tau_{sp} = m\tau_p + (1-m)\tau_s$$

式中：m ——置换率；

τ_p ——桩体抗剪强度(kPa)；

τ_s ——地基土抗剪强度(kPa)。

对于不同类型的桩体，τ_p 的计算方法有所不同。对于粒料桩（现行上海市工程建设规范《地基基础设计标准》DGJ 08—11）：

$$\tau_p = (\mu_p \times p + \gamma_p \times z)\tan\varphi_p \times \cos^2\theta$$

式中：μ_p ——应力集中系数，$\mu_p = n/[1+m(n-1)]$；

n ——桩土应力比；

γ_p ——碎(砂)石料的重度(kN/m^3)；

z ——自地表面起算的深度(m)；

φ_p ——碎(砂)石料的内摩擦角(°)，碎石可取 38°，砂砾可取 35°，砂可取 28°。

对于水泥土桩的抗剪强度 τ_p，一般规定取无侧限抗压强度 q_u 的 1/2（现行行业标准《公路软土地基路堤设计与施工技术细则》JTG/T D31—02）。q_u 为取现场龄期为 90 d 的原状试件测得的无侧限抗压强度，也可按设计配合比由室内制备的水泥土试件（直径 50 mm、高度 100 mm 的圆柱体）测得的 90 d 的无侧限抗压强度 q_u 乘以 0.3 的折减系数求得；用于初步设计时，还可采用 96 h 高温养护无侧限抗压强度代替 90 d 无侧限抗压强度。

6.6.9 刚性桩复合地基的桩顶构造对桩土荷载分担起重要作用。因此，本条文对桩帽、连梁和垫层的布置原则作了规定。

为提高刚性桩整体性，提高山体的稳定性，桩帽间可设置连梁。

连梁的弯矩、剪应力等宜按多支点连续梁计算。应加强桩与桩帽的连接，以减小连梁的弯矩。

桩帽和连梁的高度及配筋应符合现行国家标准《混凝土结构设计规范》GB 50010 的有关规定。

建筑垃圾包含工程渣土、工程泥浆、工程垃圾和拆除垃圾。

本条所指建筑垃圾为平均粒径不小于 30 mm，最大粒径不超过 100 mm，以硬质碎块为主的工程垃圾和拆除垃圾。

6.6.10 刚性桩复合地基承载力、稳定和沉降计算还可以参考现行行业协会标准《公路路堤刚性桩复合地基技术指南》T/CHCA 003。

6.6.11 由于刚性桩复合地基破坏涉及复杂的桩土相互作用，无相近工程经验的情况下，建议采用能够考虑桩土复杂相互作用的三维数值分析法分析。

7 山体填筑设计

7.1 一般规定

7.1.2 山体填筑设计的主要目标是确保人工填筑山体安全稳定的条件下，满足人造山的总体规划和景观设计要求，实现景观规划的愿景。填筑山体的安全稳定主要取决于山体边坡的稳定，另外，对于内部存在空腔结构或上部有建(构)筑物的情况，山体填筑地基尚应符合建(构)筑物地基承载和变形的要求。因此，山体填筑设计就是在考虑山体地基条件和地基处理设计的条件下，对影响山体边坡稳定安全和山体变形的重要因素，如填筑体的填料、填筑工艺等，进行针对性设计。

7.1.3 本条强调人造山填筑材料应充分考虑项目范围内的土方调配，宜实现土方平衡，应充分利用当地建筑垃圾、工业废渣作为山体填筑材料，做到因地制宜、绿色环保。不同填料的压实工艺和效果不同，排水性能不同，是影响人造山体长期变形和稳定的关键因素。因此，施工图阶段或者施工前期宜进行现场试验或试验性施工，通过调试机械设备、确定施工工艺、用料及配比等各项施工参数，检验已经选定的设计参数和实施效果，为优化设计提供依据，节约投资。

采用建筑垃圾堆填时，宜采用的建筑垃圾资源包括无害化处理的工程渣土、经分选和简易破碎处理的废旧混凝土、碎砖瓦等，具体需根据建筑垃圾的特点确定专项填筑方案；有条件时，可进行现场填筑试验确定最优填筑和压实施工参数。

7.1.4 山体填筑要求进行动态化设计与信息化施工。因此，山体填筑施工期间要做好监测，并及时反馈设计单位。通过监测数据，可以分析地基和山体的稳定性和沉降变形，避免事故发生。

7.1.5 实际工程中，在施工期间和工后进行沉降和变形监测，通过沉降观测资料可以分析判断填筑地基变形的发展趋势，结合建(构)筑物的地基沉降控制要求，推算最终沉降，从而确定建(构)筑物的建造时间。建(构)筑物的地基变形允许值和沉降变形观测应按国家现行有关标准执行。

7.2 填筑材料

7.2.3 利用建筑垃圾堆山应结合原有地形，运用园林艺术手段，实施生态环境整治，考虑休闲健身的功能，为不同年龄层次的市民提供一个新的休憩场所，满足人们日益增长的物质和文化需要。建筑垃圾成分复杂，可能产生有毒物质，不利于人体健康，需要筛选出有利于生态和谐的部分，使建筑垃圾无害化，同时避免对周围环境产生污染。

建筑垃圾分类筛选首先进行初步处理，分出渣土、钢筋、废混凝土、塑料等材料；堆山主要用渣土、废混凝土作为堆山填料。其中，渣土经无害化处理后可直接使用；废混凝土需进行一定处理，进行简单破碎，这时按粒径分，大于 31.5 mm 的为再生块体，4.75 mm～31.5 mm 的为粗骨料，小于 4.75 mm 的为细骨料。堆山材料可采用上述粒径再生骨料混合为级配良好的填料进行堆填。

目前，污染土在人造山填筑工程中应用较少，本标准不适用于未经处理的污染土作为山体填料的情况。人造山工程采用未经处理的污染土作填料时，应进行针对性的专项研究和论证，污染因子应满足堆山对人体健康风险评估要求，并对污染因子进行长期跟踪监测。

7.2.4 工业废渣用于人造山填料，宜按相应的规范进行无害化处理后，再作为堆山填料进行使用。

7.2.5 EPS材料具有密度小、耐久性好的特点，作为人造山填筑材料可减小山体自重，降低地基承载力要求，本条规定了 EPS 用作人造山填筑材料的技术要求。由于 EPS 材料弹性模量小，强度较低，故建议用于山体顶部区域。

7.2.6 泡沫轻质土主要由水泥、水和泡沫组成，泡沫轻质土填筑施工最关键的指标为施工湿重度和抗压强度。现行行业标准《气泡混合轻质土填筑工程技术规程》GJJ/T 177 明确了用于路基填筑的泡沫轻质土性能指标。近年来，泡沫轻质土在高速公路工程中得到推广应用。现行行业标准《公路路基设计规范》JTG D30 借鉴住建部的标准，提出了用于路基的泡沫轻质土性能指标要求。本标准借鉴现行行业标准《公路路基设计规范》JTG D30 的相关要求。对于高度小于 4 m 的山体，泡沫轻质土无侧限抗压强度指标要求适当降低。

7.3 山体填筑

7.3.1 人造山体填筑质量控制一般以压实度为主要指标。压实度控制指标直接关系填筑体的密实性，从而对边坡稳定和填筑山体工后压缩沉降起到决定性的作用。合理选择压实度控制标准，对工程的质量、工期和造价都有显著的影响。对重要的工程，应针对不同填料开展相应的压实试验，对不同压实度标准对应的土体强度和变形指标进行测试，设计时根据边坡稳定和沉降控制要求，优化确定压实控制指标。一般工程，可参考本条文中的压实度控制要求，但尚须满足上部建(构)筑物地基基础或道路、景观等设计的特殊要求。本条文表中给出的边坡稳定不利区是指通过常规坡度法无法满足设计坡度要求，须采用土工加筋或其他支护结构的区域。现行国家标准《公园设计规范》GB 51192 规定了“应对种植土层下的填充土提出土粒径和压实系数要求。填充土应分层夯填或碾压密实，压实系数为 0.90～0.93。地形上设计有建筑物时,局部填充土指标应符合建筑基础要求”。本标准参考现行国家标准《公园设计规范》GB 51192 的有关规定,结合不用的填筑区域进行了细化。

实际工程经验中,填土压实度过高可能导致山体内部排水不畅,影响植物的生长。因此,具体工程设计时,在确保山体稳定安全的前提下,应结合绿化专业要求,综合优化,确定填筑压实指标。

7.3.5 EPS 盖板顶部一般为 0.3 m～2 m 的种植土。雨季时,雨水会下渗至种植土底部,盖板上部的土体强度降低,盖板坡度较陡时,种植土和盖板之间容易发生局部滑移。应在盖板顶部设置阻滑块和土工格栅,增加种植土抗滑能力。

7.3.6 对透水性差的黏性土填筑山体内部,可适当布设排水设施。排水设施的长度宜为 50 m～80 m,水平间距宜为 15 m～20 m,竖向间距宜为 5 m～7.5 m。

7.4 边　坡

7.4.2 人造山工程设计中,岩土参数与填筑材料、施工工艺及施工工况、环境条件、边界条件等密切相关,人造山填筑边坡稳定性计算所采用的参数应尽可能接近现场情况。因此,设计过程中,岩土参数的测定应选择与实际施工状态相似条件下的试验参数,例如含水量、固结度、填筑地基压力、边界条件、压实度等。

山体填筑边坡稳定性分析,理论上填筑体强度参数宜考虑分级堆筑过程中的固结作用,采用原状土样直接固结快剪和三轴固结不排水剪参数,但由于施工中填筑体的固结过程受多种因素影响,具有显著的不确定性。因此,参考现行国家标准《高填方地基技术规范》GB 51254 的有关规定,从安全的角度,推荐填筑体采用直接快剪和三轴不排水剪参数,并采用击实曲线上设计压实度对应含水量制备的试样所做的直接快剪和三轴不排水剪参数。

另外，在地下水位以下或因地下水上升、毛细水上升、暴雨浸润等条件下的填筑体应考虑饱和土体条件对强度参数的影响，采用饱水试件的直接快剪和三轴不排水剪参数。

7.4.3 由于引起边坡破坏的因素，既可能来自原场地地基，也可能来自填筑地基，为确保边坡稳定，在进行边坡整体稳定性验算的同时，还要进行填筑地基的局部稳定性验算。当采用支挡结构时，应进行抗滑移、抗倾覆和局部稳定验算。

8 空腔结构设计

8.1 一般规定

8.1.1 根据现行国家标准《工程结构可靠性设计统一标准》GB 50153的有关规定，应根据结构破坏可能产生的后果的严重性采用不同的安全等级，空腔结构作为人造山体内重要支撑结构，其安全等级宜与人造山采用相同的安全等级，且不应低于二级，同时工程结构设计时应规定结构的设计使用年限，其附录A给出了普通房屋与构筑物、铁路桥涵结构与公路桥涵结构的设计使用年限分别为50年、100年、100年，故本条规定设计使用年限不应小于50年。

8.1.2 本条对空腔结构的设计方法进行了规定，基本采用以概率论为基础的极限设计方法，并对相应的结构计算、验算作了规定。

8.1.3 本条对变形缝的设置进行了相应的规定，并提出应采取合理的工程措施控制变形缝两侧的不均匀沉降，以减少对空腔结构的危害。

8.1.4 根据调研，目前人造山体空腔结构采用隧道结构形式的案例有上海桃浦科技智慧城中央绿地古浪路通道。该结构分为暗埋段和洞口拱段，暗埋段为简支钢混组合梁结构，拱段采用拱结构一跨跨越古浪路，上部结构采用组合结构的形式，下部结构采用钢筋混凝土承台加钻孔灌注桩。该项目开工日期为2017年8月，竣工日期为2018年5月。另一案例是虹桥污水处理厂工程，其调蓄池（容积5万m^3）采用的即顶板上部加覆土的空腔结构形式，项目于2017年2月27日正式开工，2018年10月23日工程主体结构封顶。同时，拟建的上海世博文化公园双子山也将采用人造山体空腔结构，并准备在空腔内设置 220 kV 变电所。

8.1.5 本条提出人造山体空腔结构功能形式布置原则，并提倡优化的功能布局设计。

8.1.6 本条提出人造山体空腔结构基础设计的原则，并强调要考虑山体沉降、周边变形协调等要求进行系统的结构设计。

8.2 荷载分类与荷载组合

8.2.1 人造山体表面采用植物材料为主，结合景石、假山等对山体进行全面覆盖。种植高大乔木时，荷载可按 5 kPa 选取；绿化荷载可按 1 kPa 选取。设计时，应控制人造山体与空腔结构之间沉降变形差，防止较大不均匀沉降产生。

8.2.2 常规土压力计算假定土体为半无限体，滑裂面延至地面形成滑动楔体，而在人造山体空腔结构中，其上的山体堆填材料为有限范围，如滑裂面超过有限堆填材料宽度范围时，其受力模型与经典土压力理论假设不相符合，传统的土压力理论不再适用，宜按有限土体土压力理论计算。另需注意，如山体堆填材料为自立性材料时（EPS 等），可认为其对山体内空腔结构不产生侧向压力。

在长期使用过程中，地下水由于毛细作用水位会逐渐抬高，设计时应予以考虑。

8.3 建筑材料

8.3.1 由于空腔结构上覆荷载较大，其安全性要求高，需要合理选用经济且安全的建筑材料。同时，人造山工程体量大，适合选用一些绿色、新型材料来缓解资源与环境压力，尤其可作为废弃混凝土处理的一种方式。推广使用再生骨料可减轻建筑垃圾对环境的不利影响，实现建筑垃圾的资源化利用，节约天然资源，促进建筑业的节能减排和可持续发展，符合国家节约资源、保护环境的大政策。

8.3.2 空腔结构一般埋置在山体内部，因此其耐久性需要保证。采用混凝土结构时，根据一般耐久性要求确定其最低强度为C35，也可采用钢结构和组合结构，但钢材需要进行处理以满足耐久性要求。

8.3.3 本条依据现有的混凝土结构、钢结构以及混凝土-钢组合结构制定，其设计原则与之相似。

8.3.4 本条依据现有的再生混凝土应用规范，根据人造山工程的特点进行制定。Ⅰ类再生粗骨料品质已经基本达到常用的天然粗骨料品质，所以其应用不受限制。而Ⅰ类再生细骨料由于其中往往含有水泥石颗粒或粉末，因此对其限制较粗骨料严格。

8.3.5 本条根据现行国家标准《地下工程防水技术规范》GB 50108的有关规定：选用聚氨酯非固化橡胶沥青防水涂料、聚合物水泥防水涂料、预铺/湿铺自愈型交叉膜自粘防水卷材、耐根穿刺自粘防水卷材以及无机防水材料等，其具体要求应符合现行国家标准《水泥基渗透结晶型防水材料》GB 18445、《无机防水堵漏材料》GB 23440、《聚氨酯防水涂料》GB/T 19250、《自粘聚合物改性沥青防水卷材》GB 23441、《聚合物水泥防水涂料》GB/T 23445、《预铺防水卷材》GB/T 23457 和现行行业标准《种植屋面用耐根穿刺防水卷材》JC/T 1075、《非固化橡胶沥青防水涂料》JC/T 2428 等的有关规定。实际工程中，人造山工程也可根据需要选取创新性的材料。

8.4 结构分析及计算

8.4.1 空腔结构外侧的山体结构高低起伏，不同高度、不同水平面处结构所覆盖堆填材料厚度不一，结构设计时应考虑荷载分布的不均匀性。经典土压力理论假定墙厚土体为半无限体，而空腔结构外侧山体堆填材料为有限范围，当滑裂面超过堆填材料宽度范围时，其受力模型与经典土压力理论假设不相符合，传统的土压力理论不再适用，宜按有限范围土体土压力理论计算。同时，应考虑由于空腔结构的影响，土层中的水不易下渗，降水对结构设计与计算存在相应的影响。

8.4.2 空腔结构四周采用堆填土时，会对邻近桩基产生不利影响。

8.4.3

1 上部及周围堆填材料较厚时，在满足种植土要求的前提下，可采用 EPS 等轻质材料填筑，空腔结构两侧宜采用泡沫轻质土填筑。

2 结构设计与计算

1）人造山体内隧道结构应根据实际条件采用盾构法、顶管法或明挖法等进行结构设计，并应符合现行上海市工程建设规范《道路隧道设计标准》DG/TJ 08—2033 的有关规定。

2）空腔结构外墙应作为主要抵抗侧向水土压力、地震力等荷载的构件，参与整体的侧向刚度计算。当侧向力较大时，外墙可增设肋板或扶壁柱等措施增加其刚度。在进行内力分析时，应根据约束情况选取符合实际的计算简图，并按弹性理论分析。一般情况下，外墙顶端与顶板铰接，下端和底板固接。

3 构造

1）空腔结构的后浇带宜每隔 30 m～40 m 设置一道，后浇带混凝土应使用比主体混凝土强度等级高一级的微膨胀混凝土浇筑。室外出入口与主体结构连接处宜设置沉降缝。

2）空腔结构受净空限制时，顶、底纵梁可采用十字梁或反梁，必须采用宽扁梁时，应根据各层板与梁的刚度比，考虑板在纵向、横向内力分配的不均匀性，反梁箍筋计算时应考虑两侧由板内剪力传递过来的倒吊力的作用。如上跨公路时，应符合现行行业标准《公路工程技术标准》JTG B01 的有关规定，满足桥下公路的视距和前方信息识别的要求，其结构形式应与周围环境相协调。

8.4.4 空腔结构宜根据其与山体体积比例关系，合理确定抗震计算模型。

8.5 结构防水

8.5.4 本处埋深指以人造山体顶部为基准所确定的结构埋置深度。由于人造山体易受降雨、孔隙水不容易消散以及地面下毛细水可能上升等影响，本条对人造山体内的空腔结构提出相应的防水要求。

8.5.5 本条参考现行国家标准《地下工程防水技术规范》GB 50108的有关规定，对空腔结构内部的排水措施提出相应的要求。

9　山体土建施工

9.1　一般规定

9.1.3　山体土建工程施工质量的控制主要包括两个方面：一是依靠监理工程师负责施工过程控制，但是由于现场压实作业的工作量大、工作面广，难以全面控制工程质量；二是通过压实后检测压实质量，并作为评判填筑压实质量的主要依据，但受限于取样数量，也难以全面反映整个作业面的压实质量。

为强化过程管理，条文强调宜采用施工实时监控措施，对施工过程和压实质量进行监控。以压实机械为主体，安装自动监控装置，实时监测过程数据，通过数据链实现远程传输，记录并分析实时数据，将压实过程和压实质量情况实时、直观展现给作业和管理人员，指导施工过程控制，达到质量控制的目的。

9.2　地基处理

9.2.3

1　地基浅层搅拌固化施工应包含常规的排水、清表等工作，当固化穿过池塘、虾塘、河道等大面积水塘时，若需要，可在山体建设范围内设置临时围堰，与外部隔离。

2　施工前应进行工艺性试验，确定合理的配合比设计方案。

3　地基浅层搅拌固化施工方法分为干法施工和湿法施工，应根据土体情况、试验结果、施工条件等进行合理选用。

4　可采用区块化处理方法保证搅拌均匀，区块大小一般为

$10\ m^2 \sim 30\ m^2$,常规的划分尺寸为 5 m×5 m 或 5 m×6 m,区块之间的复搅搭接宽度不小于 50 mm,采用边处理边推进的形式进行。

5 现场设备主要由强力搅拌头、配套挖机、后台供料系统、固化剂添加控制系统等组成。

6 边固化边推进的施工方式如图 3 所示。

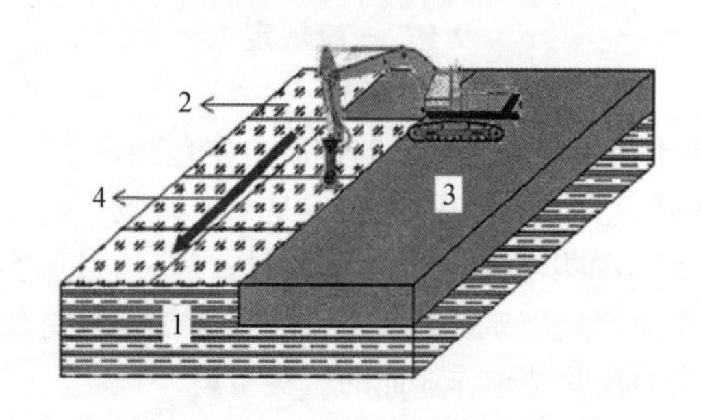

1—软土层;2—原状土(未处理区);3—固化处理区;4—推进方向

图 3 边固化边推进施工方式示意图

9.3 山体填筑

9.3.3 人造山填筑完成后,工后沉降通常比较明显,特别是山体中心标高,这会导致山体最终标高不满足设计要求。因此,山体填筑到设计标高后,应进行沉降补偿填筑,填筑高度应根据监测数据预测工后沉降并经设计确定。

9.3.5 软土地基上如原地基处理不到位,直接进行加筋填筑施工,易造成地基局部承载力不足而破坏,使加筋材料产生局部大变形。因此,应在完成地基加固处理和地下排水设施施工完成后,再进行加筋填筑施工。

铺设加筋材料的土层表面应平整,严禁有尖锐突出物,在填筑施工前,应清理现场,并平整场地。加筋材料铺设时,如有皱褶，不利于效果的发挥。铺设完成后，可采用人工拉紧、U 形钉固定等措施将加筋材料固定于填土表面。

在临近边坡坡面处，难以采用正常的压实机械进行压实，是压实的薄弱环节。因此，要求采用轻型压实机械对这部分填土进行压实，以保证填筑质量。

9.3.6 山体填筑体完成边坡修整后，距离种植土施工可能还有一段时间，在这段时间中，施工单位应做好边坡临时防护。

山体填筑工程，山体高度较高，填筑高度接近边坡稳定临界高度时，应严格控制填筑速率，需每天关注山体监测，分析变形速率，过快的填筑速率会破坏地基土的结构，产生滑坡。

9.3.8 人造山工程山体填筑范围较大时通常分为多个施工工作面施工，各工作面施工进度不同，带来工作面搭接问题。实际监测表明，工作面搭接处理不好，将造成人为的薄弱面。本条规定了搭接面的坡度和台阶设置要求，并要求搭接部位错开设置，避免形成大范围连续的薄弱面。

9.3.9 雨天施工现场场地的排水和道路维护一般按下列方法实施：

1 根据施工总平面图、排水总平面图，利用自然地形确定排水方向，采取永久排水与临时排水相结合的原则，按规定坡度挖好排水沟，确保施工现场排水畅通。

2 按防汛要求设置连续、通畅的排水设施和其他应急设施，防止泥浆、污水外流或堵塞排水沟。

3 对施工便道易受冲刷的部分，指定专人负责维修路面，对路面不平或积水处及时修理。场区内主要道路可以硬化处理。

9.3.10 施工前，应根据工程环境条件制定水土污染预防措施。现场施工机械维修、保养和使用过程中产生的含油废水、生活区生活污染水、现场施工和生活垃圾的处理应符合环保部门的规定。

施工前，应根据相关规定制定预防水土流失措施，缩短临时占地使用时间;施工过程中,应根据地形、地质、水文条件、施工方式等,采取拦挡、护坡、截排水等保护措施,并统一规划排水出口,排出的水不应直接排放到饮用水源、农田或鱼塘中。

在居民聚居区或其他噪声敏感建筑附近施工,当噪声超过规定时,应及时采取措施,减少施工活动对场地周边居民的干扰;对施工作业人员,在噪声较大的现场作业时,应采取有效防护措施。

施工过程中,应采取措施控制扬尘、废气排放等;粉煤灰、石灰等施工堆料场、机械停放地、临时生活区等宜设置于主要风向的下风处的空旷地区,对易飘散物采取覆盖等措施。填料为土料时,应避免在大风天作业。应根据场地环境条件,采用合理措施减少挖方与运输等作业的扬尘。

施工前,应采取相应措施对施工范围内的珍稀动植物进行保护。施工中,严禁随意采摘、破坏野生植物资源及捕猎野生动物。在有国家级保护的野生动物出没区域,应按规定做好相关保护工作。应按相关法规的要求,对场区内的林木进行处置。在草、木较密集的地区施工时,应遵守护林防火规定。

在文物保护区周围进行施工时,应制定相应的保护措施,严防损毁文物古迹。施工中发现文物时,应暂停施工,保护好现场,并立即报告当地文物管理部门研究处理,不应隐瞒不报或私自处置。

9.4 空腔结构

9.4.1 空腔结构由于在人造山体内部,其施工前的勘查工作与相应的保护措施尤为重要。

9.4.2 人造山体结构体量大,其施工对周围环境以及大气环境可能有较大影响,需采取相应的处置措施。

9.4.3 空腔结构一般在山体内部,其施工顺序影响着结构的受力,先进行结构施工,再进行山体堆填,相对简便且符合结构设计荷载。具备堆填条件的空腔结构应尽早进行堆填，回填应均匀、对称、分层进行。回填土不应有腐蚀性，应除去有机物等有害物质，然后分层夯实回填。回填土的压实度不低于90％并满足有关规范的要求。而当施工顺序改变时，需要进行相应的验算。

9.4.4 空腔结构的安全性、耐久性要求高，当采用一些特殊材料时，需要进行相应的设计与验算。

9.4.5 本条根据现有混凝土结构、钢结构以及钢-混凝土组合结构施工规范制定。当采用这些常用结构时，其施工原则一致。

9.4.6 新型材料的施工时，遵循“有规范则依照规范，无规范则进行专项设计与审查”原则。

9.4.7 由于空腔结构外部需要堆填山体，外部的构造应该有利于山体的堆填，设置阶梯构造，可形成刚性角，使后续堆山过程更稳定。

9.4.8 空腔结构与山体需要一定程度的共同作用，根据设计需要，应制定相应的方案，保证空腔结构与山体之间连接的安全性和可靠性。

10 园林景观施工

10.2 园林土方

10.2.2 坡脚控制点设置在坡脚外 2 m，可以防止施工时机械及土方对其的破坏。

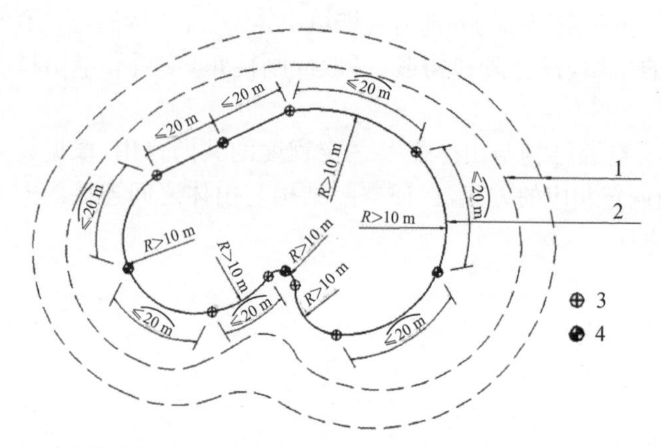

1—已完成等高线；2—本次放样等高线；3—转折点或起弧点；4—中间控制点

图 4 水平测量放样水平控制点布设

10.2.3 本条主要是防止机械因坡度太大发生倾覆，具体还应满足各种机械的性能及操作要求。

10.2.4 挖土机的挖斗臂长根据型号有长有短，并且可以 360°旋转。挖斗与挖斗间安全距离考虑 3 m，作业时的前后左右间距大于等于两台机械各自的最大作业半径之和加 3 m；坡度小时，机械应防止前后左右碰撞，并保持足够的安全距离；坡度大时，一旦发生机械碰撞，极易发生机身倾覆。挖土机的作业间距如图 5 所示。

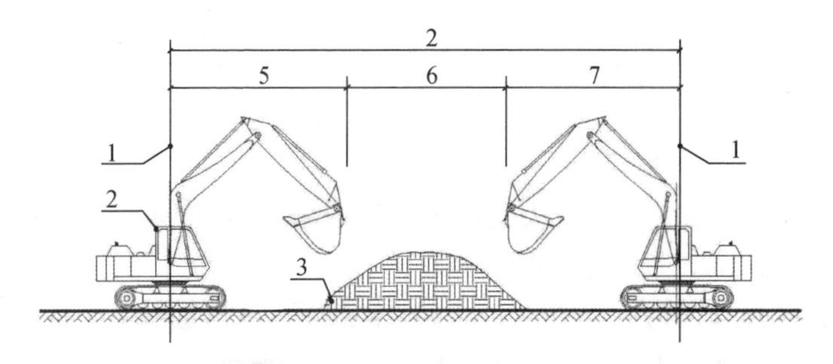

1—转轴中心线；2—挖土机；3—临时堆土；4—$R_{max1}+R_{max2}+3$；
5—R_{max1}(最大伸臂长度)；6—3 m；7—R_{max2}(最大伸臂长度)

图 5　挖土机的作业间距

10.2.5　人造山施工便道设置在设计规划道路的位置，在满足施工便道的同时加强了拟建道路的路基，同时利用车辆荷载对路基进行了长期的碾压密实。利用建筑垃圾回填压实，厚度不小于 0.8 m，基本上能满足现有土方车的行驶要求；施工便道的最大坡度不宜大于 1∶10，基本可以保证大型土方车的安全行驶要求。

10.2.6　原则上，现场的园林用土方应随用随运，现场露天堆放时间过长，土方的含水量会受气候及环境影响变化较大。同时临时堆筑大量土方不利于现场文明施工，容易产生扬尘。在边坡及坡顶范围内设置临时驳运便道会增加边坡的荷载，加大边坡的下滑力，同时由于机械的振动也会降低土体的物理力学指标，减少抗滑力。因此，应经设计方验算后方可设置，严禁随意私自设置。

10.2.7　施工中在暗浜、淤泥质土层、河道边坡、建(构)筑物处，土体现场临时堆场应限定其位置、坡度、高度。限制 3 m 的要求主要考虑文明施工时临时围挡的高度 2.5 m，堆土不宜超过临时围挡过高。

10.2.12　人造山陡坡区域极易发生水土流失，可采用植草格、边坡绿化或一定间距的松木桩围护等措施进行有效固土护坡。

10.2.13 大雨、大风和冰雪天等恶劣天气，主要从施工安全和环保角度考虑，建议停止人造山土方施工作业。

10.3 园林小品

10.3.1 目前上海地区人造山体项目上的园路，较多工程出现了因山体沉降导致园路开裂。本条要求人造山园路、广场铺装以下土体的压实度应大于等于93%，且压实范围每侧超出路缘石或表层边缘不少于0.5 m，地下部分按1∶1的坡度放坡至山体填筑体。这样，既保证人造山园路、广场的铺装质量，又不至于全范围内提高压实度要求，以达到经济适用的要求。

10.3.3 人造山体上的路面基槽一般不超过0.5 m深，为保证施工时放置模板及施工人员操作方便，路面基槽开挖时，按设计边线每侧应至少放出30 cm的施工作业面。

10.4 园林绿化

10.4.3 为保证植物的良好生长，人造山边坡的植物应竖直于地面种植。乔木及大灌木植物深度，应保证泥球的上表面中心位于树干和坡面线的交点以上，不应过深或过浅，并应考虑新填土壤的沉降量。位于坡顶方位的树穴会形成空凸，为防止树穴周围水土流失及符合坡面成景要求，根据植物类型、规格及坡度适当采用松木桩等加固护坡处理措施；位于坡脚方位的树穴应使用鱼鳞形状培土保护，以符合植物种植的科学性和美观性要求。

10.4.4 由于人造山上风荷载相比平地上的大，并且边坡上的水土容易流失，需加强其固定支撑，高大乔木除了树杆固定支撑外，还应加设防风索，一般宜采用8 mm浸塑钢丝、160 mm开体花兰、8 mm锁扣卡头组成的防风索，确保乔木的支撑安全。若条件允许，可采用耐候钢、不锈钢等钢管支撑。

11 监 测

11.1 一般规定

11.1.1 人造山工程的风险性随堆载高度的增加和环境条件的日益复杂而增大。由于人造山设计计算理论的半经验半理论、岩土性质的多样性和不确定性、城市环境条件的复杂性，对监测工作提出了更高的要求。人造山项目周边存在可能受其影响的建(构)筑物时，工程设计应分析其影响的范围和程度，根据保护要求采取适宜的处理措施，并进行建(构)筑物及地基变形监测，具体监测范围及要求，应根据设计要求及被保护设施的相关要求综合确定。利用监测信息可及时掌握人造山堆载施工、周边环境变化程度和发展趋势，及时应对异常情况采取措施，做到信息化施工，防止事故的发生；同时积累监测资料，验证设计参数，完善设计理论，提高设计水平。

11.1.2 为确保人造山工程监测工作顺利、有效和可靠地进行，应编制人造山工程监测方案。本条给出了人造山工程监测方案编制的基本要求。

11.1.3，11.1.4 监测方案编制前，委托方应提供人造山设计施工图、检测要求、勘察报告、地形图、管线图、周边已建建(构)筑物(包括建造年代、基础形式、结构类型及房检报告)等资料。监测单位应重视现场踏勘、调查工作，充分了解场地及周边环境。当缺少诸如地下管线、建(构)筑物基础等重要资料时，委托方应进行专项探测工作。

11.1.5 人造山工程监测项目较多，周期较长，采用常规监测手段通常与施工相互干扰较大,需耗费较多人力物力,数据采样有限。在有监测条件的情况下,宜采用光纤光栅、合成孔径雷达、无线传输等新技术、新材料,实现无线、实时监测、智能化,提高监测对工程的反馈效率和精度。

11.2 监测项目

11.2.1～11.2.4 人造山监测对象主要为自身、山体周边环境和空腔结构及附属设施。人造山工程整体安全和山体堆载高度、周边环境条件和场地工程地质条件等密切相关。在确定监测项目时,分别与人造山工程安全等级相联系,人造山监测项目主要根据安全等级确定,周边环境监测项目主要根据施工及运维阶段确定。空腔结构及附属设施应根据使用要求确定监测项目。采用桩基的空腔结构往往与人造山体有一定的差异沉降,在腔体边缘的桩基往往容易产生桩基负摩阻力,必要时可进行长期的监测。空腔外墙承受山体水土压力,也是监测重点。当然,在综合考虑人造山工程安全度时,应紧密结合地基土条件。地基土的软硬将直接决定人造山边坡支护形式、变形大小和对周边环境的影响程度,应有针对性地编制监测方案和选择相应的监测项目。

11.3 监测点布置

11.3.1,11.3.2 人造山监测主要是保护人造山自身和周边环境的安全,因此监测点应真实反映人造山和周边环境监测对象的内力和变形。监测点一般布置在变形、内力变化最大和最重要的部位,以对其进行有效监控。

不同监测内容尽可能布置在同一断面或附近,便于监测数据变化趋势之间相互验证。

监测点布置应满足施工方的要求,既不妨碍施工,又能得到有效保护。

有条件时，地下管线应布设直接点。但有时现场条件复杂，制约条件很多，现场开挖不便，监测人员不得已布置了间接点，但应加强观察，注意分析不同数据之间的关联性，防止间接点监测数据的严重失真。

11.3.3 本条主要考虑人造山体量大小和等级，应在不利位置如坡度较陡的山脊或山坳处布置监测断面。对不同形态山体，可采用不同布置形式，如对带状山体可采用断面式布置，对丘状山体可采用辐射式布置。

11.3.4 监测点布置要考虑监测服务全过程，能方便地测得数据。同时避免对施工的不利影响，也便于保护监测点。

11.3.5 基准点和监测点在整个监测期间很容易破坏，这将对监测工作带来很大的危害，导致监测数据不连续或无法解释，有些关键监测点的遭破坏可能直接威胁到工程的安全，故监测点保护是监测工作得以实施的基础，应高度重视，监测单位要做好与施工单位的沟通工作，应采取有效措施对基准点和监测点予以保护。

11.3.6 本条强调在人造山工程施工和使用期内，应由有经验的监测人员每天对人造山工程进行巡视检查。人造山工程施工期间的各种变化具有时效性和突发性，加强巡视检查是预防人造山工程事故非常简便、经济而又有效的方法。巡视检查就是利用肉眼观察人造山周围地面及建(构)筑物沉降、裂缝等变化情况，了解施工工况、荷载变化、支护体系防渗性能以及堆载施工质量等，帮助分析判断监测数据，及时避免或减少工程事故的发生。渗水是边坡失稳的前兆，巡视检查在监测工作中的重要性越来越突出，当工程事故发生前，一般有征兆出现，监测人员要细心观察，善于判断。

11.4 监测方法及技术要求

11.4.1 监测方法的选择以数据的有效和准确为原则，应结合地方经验和工程特点，采用先进的设备和方法。

11.4.3 本标准对监测精度要求仅规定了沉降，未对倾斜精度要求进行规定。倾斜包括基础倾斜和上部结构倾斜。基础倾斜可采用水准测量或静力水准测量等方法测定差异沉降来计算倾斜值及倾斜方向；上部结构倾斜除通过测定差异沉降间接确定倾斜值及倾斜方向外，尚可采用激光垂准测量或正、倒垂线等方法直接测定建筑中心线或其墙、柱上某点相对于底部对应点产生的位移值。根据现行行业标准《建筑变形测量规范》JGJ 8 的有关规定，差异沉降观测应取沉降差允许值的 1/20～1/10 作为差异沉降测定的中误差，位移观测应取变形允许值的 1/20～1/10 作为位移测定中误差，倾斜测量精度可参照现行国家标准《建筑变形测量规范》JGJ 8 的有关规定执行。综合考虑山体空腔结构测量通视条件受限等因素，可根据现行国家标准《建筑地基基础设计规范》GB 50007 的沉降差允许值要求或倾斜度允许值要求计算复核沉降差允许值和变形允许值，对倾斜控制要求严格的工程项目，宜取允许值的低值作为测量精度。

11.4.4 采用相同的观测方法和观测路线，使用同一仪器设备，固定观测人员，目的是尽可能减少系统误差影响，保障监测精度。

11.4.5 监测仪器要定期检定，保证测量仪器的有效，也是历次工程安全质量检查的重点。对于监测元件的选择，要考虑量程和测量精度之间的关系，量程大了，测量精度会下降，应合理比选。对于监测持续时间较长的工程，一般不采用电阻应变式测头。

11.4.6 物联网技术的日益成熟，推动了监测技术的发展，远程自动化监测监控系统等新技术应运而生。相对于常规的人工监测数据，自动化监测系统可方便地对监测数据进行处理、分析、查询和管理，可自动生成准确的监测报表，提高监测工作的效率；可自动形成时程曲线等可视化图件，为信息化施工提高技术支持；可及时将监测成果反馈给工程参建各方，提高反馈的时效性。对于自动化监测项目，该系统还具有数据远程自动采集的功能。

11.5 监测频率及报警值

11.5.1，11.5.2 人造山监测一般时间较长，不同阶段、不同项目的监测频率不是一成不变的。为能准确、合理地反映边坡支护结构、周边环境的动态变化，可根据工程实际施工状况和监测数据变化趋势调整监测频率。一般，山体堆载施工及运维一段时间后，方可结束监测工作。但当工程需要或监测对象尚未稳定时，应延长监测周期，直至满足特定工程要求或监测对象稳定要求。

11.5.3 周边环境监测报警值应根据保护对象变形控制值确定。

山体围护体系的监测报警值应根据山体安全等级、地基处理工艺及场地地质条件等因素确定。本条是根据软土地区相关案例的实测资料进行总结分析综合确定；如无具体的报警值时，可参照本条执行。其中，三级为可能对周边环境影响较小的情况，二级为可能对周边环境有一定影响的情况，一级为可能对周边环境影响较大或可能出现滑移的情况。监测警戒值的确定应遵循以下两条原则：一是，要保证山体本体和保证周围环境安全；二是，在保证安全的前提下，综合考虑工程质量和经济等因素，减少不必要的资金投入。

根据大量的文献研究，填方堆载监测报警值主要通过山体稳定临界状态或继续加载控制状态时的监测参数来确定。有以下几种：

① 采用地基侧向水平位移及沉降控制图确定报警值。此方法报警值确定主要由山体坡脚附近的侧向水平位移 δ_h、山体中心处的地表沉降量 S 及其比值控制。

② 采用水平位移系数 $\Delta q/\Delta\delta_h$ 与填土期间的极限荷载确定报警值，主要由山体某级填土荷载量为 Δq，相应地在该荷载下地基产生了水平位移增量 $\Delta\delta_h$ 以及总填土荷载量 q 控制。

③ 采用孔隙水压力系数确定报警值。一般，以综合孔隙系数 $BE(\Delta u/\sum\Delta p)\leqslant 0.6$ 来控制加载量；以单级孔压系数 $B\leqslant 0.4$ 或单级孔隙压力消耗 50%可加下一级荷载作为稳定标准。因孔隙水压力测试技术要求比较高，且一般工程中难以测准，目前为止还没有形成共识。

④ 采用坡肩水平位移与山体中心沉降之比≤30%作为填筑控制标准。该方法对于以排水固结为处理措施的软土地基，较之单纯以变形速率作为控制标准更为可靠、合理。部分工程具体观测资料见表 3。

表 3　外地区域部分工程变形观测资料分析

工程名称	桩号	填土厚度(m)	道中最大沉降量 S_{max}(cm)	道肩最大水平位移 S_{xmax}(cm)	最大沉降速率(mm/d)	最大水平位移速率(mm/d)	S_{xmax}/S_{max}(%)	备注
广佛公路	K8+110	7.1	93	23	11	4.8	24.7	稳定，砂井处理
宜黄公路	K136+400	5.43	121.8	22	11.3	3.17	18.1	地基稳定，塑料插板处理
	K8+135	4.62	79.1	12.9	8	2	16.3	
黄黄公路	K29+200	7.2	111.0	18.9	2	5	17.0	地基稳定，塑料插板处理
	K33+096	5.81	49.6	21.1	4	3	42.5	填土 5.81 m 时滑塌，塑料插板处理
	K33+096	6.94	87.7	27.4	4	3	31.2	
黄九公路	K22+600	3.05	18.2	4.1	5	0.81	22.5	地基稳定，塑料插板处理
深圳机场	Ⅰ-Ⅰ	7.5	81.6	25.0	11	2.8～2.0	30.0	地基稳定，塑料插板处理
广佛加固	C 断面	5.4	5.51	4.8	8.0	10.7	87	填 4.5 m 时达极限状态

上海地区部分堆土工程具体观测资料分析见表 4。

表 4　上海地区部分工程变形观测资料分析

工程名称	区块	填土厚度（m）	堆体中心最大沉降量（cm）	堆体中心处最大沉降速率（mm/d）	坡脚最大沉降量（cm）	坡脚最大水平位移（cm）	坡脚最大水平位移速率（mm/d）	备注
辰山植物园二期	Ⅰ—Ⅰ断面	8.4	125.96	11.8	35.02	30.4	20	填土 8.4 m 时滑移
辰山植物园二期	Ⅱ—Ⅱ断面	7.8	101.54	10.3	30.75	16.1	4	地基稳定
辰山植物园二期	Ⅲ—Ⅲ断面	7.4	—	—	42.53	25.3	8	地基稳定
芦潮港码头西侧滩涂圈围工程二期	2# 断面	9.0	111.0	20	—	—	—	地基稳定
上海国际赛车场	—	3.0	—	7.9	28.5	—	—	地基稳定
黄兴都市林休闲假山堆筑	—	8.0	30.9*	11.0	—	—	—	地基稳定
上海大众汽车有限公司技术中心试车场	—	11.0	147.08	—	6.53	—	—	地基稳定
桃浦中央绿地工程	山体二刚性桩范围内	17.5	9.3	0.24	—	—	—	桩基、固化和轻质填料
	山体二刚性桩范围外	17.5	53.7	13.3	—	—	—	
	山体四	9.5	34.3	11.2	—	—	—	固化和泡沫轻质土
	山体七	8.5	26.9	26.3	—	—	—	固化和泡沫轻质土

续表4

工程名称	区块	填土厚度（m）	堆体中心最大沉降量（cm）	堆体中心处最大沉降速率（mm/d）	坡脚最大沉降量（cm）	坡脚最大水平位移（cm）	坡脚最大水平位移速率（mm/d）	备注
安亭汽车博览公园	主山体	13	116.6	11.0	—	—	—	二灰加筋垫层

注：* 代表空腔结构及其覆土的高度和地基沉降。

报警值的确定方法和影响因素较多，这些方法和标准对控制软土地基上堆载稳定性具有重要的指导意义。但在实际工程中，也常发生尚未达到上述标准即发生破坏或超过此标准仍未破坏的现象。监测报警值往往不是由一个因素确定，而是由多个因素所决定。

因此，人造山监测报警值应根据监测对象的承受能力确定，由累计变化值和变化速率两方面控制。人造山体系监测项目的报警值是由设计单位确定的，周边环境（包括道路、管线、轨道交通设施、隧道、城市生命线工程、优秀历史建筑等）监测项目的报警值是根据监测对象主管部门要求确定的。当上述要求不明确时，可以采用本标准表 11.5.3 提供的报警值。

本条报警值的确定，除调研上述工程外，还调研了相关规范。现行国家标准《高填方地基技术规范》GB 51254 规定：对高填方填筑速率采用的控制标准是填筑地基沉降量每天不超过 10 mm，水平位移每天不超过 3 mm。现行行业标准《建筑地基处理技术规范》JGJ 79 规定：对预压地基为防止地基发生剪切破坏或产生过大的塑性变形，要求分级逐渐堆载，在堆载过程中应每天进行竖向变形、边桩水平位移和孔隙水压力等项目的观测，沉降每天控制在 10 mm～15 mm，对于竖井地基取高值，天然地基取低值；边桩水平位移每天不超过 5 mm。现行行业标准《公路路基设计规范》JTG D30 规定：对路堤填筑速率采用的控制标准是路堤中心沉降量每昼夜不应大于 10 mm～15 mm，边桩位移量每昼夜不应大于 5 mm。现行行业标准《铁路特殊路基设计规范》TB 10035 规定：对软土地段路基路堤填土速率采用路堤中心沉降每昼夜不应大于 10 mm，边桩水平位移每昼夜不应大于 5 mm 的控制标准。上海对软基上填筑工程临破坏前边坡最大位移速率进行了研究，提出砂井预压边桩控制标准为 4 mm/d，砂垫层预压为 7 mm/d。

11.5.4 稳定控制是软土地基施工过程中的关键技术之一，合适的控制标准对于人造山的安全、进度、造价具有重要意义。本条是根据类似的工程经验总结得出。

11.6 监测成果与信息反馈

11.6.1 对于重大工程，可根据工程进度和设计施工要求在适当的时间节点提供监测中间报告(阶段报告)。

11.6.2 总结报告的监测成果表达应简洁、直观，数据应详尽、完整。现场监测的原始数据记录表宜作为总结报告的附件。

12 质量检验与验收

12.2 地基处理与山体填筑

12.2.4 本条是山体填筑的质量检验要求，检验填筑质量是否满足设计要求。

12.3 空腔结构

12.3.1 本条针对空腔结构施工质量检验与验收的一般原则性进行规定。

12.3.3 钢筋混凝土结构施工质量验收应符合现行国家标准《混凝土结构工程施工质量验收规范》GB 50204 的有关规定；钢结构施工质量验收应符合现行国家标准《钢结构工程施工质量验收规范》GB 50205 的有关规定；钢-混凝土组合结构质量验收应符合现行国家标准《钢-混凝土组合结构施工规范》GB 50901 的有关规定。空腔结构由于其特殊性，需按隐蔽工程进行验收。其中，对于人造山中空腔结构的尺寸验收要求进行相应提高。

12.3.4 空腔结构防水要求高，其防水施工验收按现有规范严格进行，并适当提高标准。

12.3.5 空腔结构与山体连接处是设计的关键节点，其施工质量应重点验收。此外，也包括一些涉及结构安全以及特殊功能的施工项目。

12.3.6

1 外观质量的严重缺陷通常会影响到结构性能、使用功能或耐久性。如出现严重缺陷，应制定专项方案，并对缺陷进行修复处理，重新检查验收。

3 过大的尺寸偏差可能影响结构构件的受力性能、使用功能，也可能影响山体的安全和稳定性。验收时，如发现过大的尺寸偏差，应请设计单位验算或专业资质检测单位检测，确认满足结构安全和使用功能需求时，可予以验收。

5 过大的尺寸偏差可能影响空腔结构与山体连接处的受力性能，会导致山体结构的不稳定。验收时，如发现过大的尺寸偏差，应请设计单位验算或专业资质检测单位检测，确认满足结构安全和使用功能需求时，可予以验收。

12.3.7

1 外观质量的一般缺陷通常不会影响到结构性能、使用功能，但有碍观瞻。故对已经出现的一般缺陷，也应及时处理，并重新检查验收。

2 在实际应用时，尺寸偏差除应符合本条规定外，还应满足设计或设备安装提出的要求。